食物背后的
历史光影

历史的
味觉

白玮　著

中国出版集团
研究出版社

图书在版编目 (CIP) 数据

历史的味觉：食物背后的历史光影 / 白玮著. -- 北京 : 研究出版社,
2022.7

ISBN 978-7-5199-1222-2

Ⅰ. ①历… Ⅱ. ①白… Ⅲ. ①饮食－文化史－中国
Ⅳ. ①TS971.202

中国版本图书馆CIP数据核字(2022)第050023号

出 品 人：赵卜慧
出版统筹：张高里　丁　波
责任编辑：安玉霞
助理编辑：谭晓龙

历史的味觉：食物背后的历史光影
LISHI DE WEIJUE：SHIWU BEIHOU DE LISHI GUANGYING
白玮　著

研究出版社 出版发行

（100006　北京市东城区灯市口大街100号华腾商务楼）
北京中科印刷有限公司　新华书店经销
2022年7月第1版　2022年7月第1次印刷
开本：880毫米×1230毫米　1/32　印张：11.875
字数：236千字
ISBN 978-7-5199-1222-2　定价：68.00元
电话（010）64217619　64217612（发行部）

目 录

自 序 │ 食物架构起来的世界

食物就像一块流动的化石，真实地将历史的信息记录在它的根茎上，渗透在每一盘菜的汤色里。我们每晃动一次，它们都会浮现出历史的光影，这个影像就是食物带给我们的奇幻世界。

一

今天，在中国任何一个地方的厨房里，我们都可以炒制一盘来自南美洲的土豆，也可以用两枚鸡蛋配着来自南美洲的番茄，炒上一盘叫作西红柿炒鸡蛋的家常菜。如果嫌牛羊肉的味道有点腥膻，我们则需要用一撮来自东南亚的黑胡椒粉来给它加持提香。白胡椒是熬制河南胡辣汤必不可少的作料，是胡辣汤的灵魂。

这些食物和作料，它们原本都不是中国本土作物，在五六百年前，甚至更久远的时间里，它们分别翻山越岭，远渡而来，一起汇集在我们今天的餐桌上。

食物，将不同地域、不同历史时期的人们连接在一起。

在今天的餐桌上，通过一盘芹菜，我们可以读解到杜甫的沉郁、苏东坡的豁达。通过一块馒头，或者一碗面条，就可以穿越历史的迷雾，感知大唐的风尘，体察大宋汴梁街头的风情。如果仔细倾听，仿佛还能听到当年武大郎沿街叫卖炊饼的声音。

当然，在今天京城的酒楼里，我们可以吃到金陵古城鸭子凫水的气息，可以吃到曲阜孔家菜儒生的怯懦。在今天岭南客家人的餐桌上，可以吃到客家菜里中原曾经的马蹄声，也可以吃到一个王朝溃败逃逸之时的叹息。在今天四川街头的小馆里，依然可以吃到"湖广填四川"的余温。

所以，我们今天吃到的食物，既是地理移植的布施，也是历史慈悲的馈赠。而今天的我们，也将会把这种布施和馈赠传递到更遥远的未来。不管是历史深处的人生，还是地理深处的人生，抑或是未来的人生，我们都共同存活在食物为我们建构的世界里。

二

把本书命名为《历史的味觉》，就我本人来说，内心其实多多少少是有点虚弱的。

严格地说，这并不是一部研究味觉的专著。它既不是一部关于食物的历史，也不是一部关于味觉的历史。如果非要给它定性的话，应该算是笔者近十年来关于"以食读史"的随想片段。

十多年来，笔者试图找到一个阅读历史的路径——通过我们日常熟识的食物走进历史的深处，通过一种食物或一盘菜肴散发出的清香来品尝历史的诸般滋味。今天的食物大多都从遥远的历史中走来，它们搭载着历史和远方的气息来到我们面前。透过它们，我们可以品味到历史的喜怒哀乐和兴衰成败。

本书共设置了七个部分：第一部分，小米造就华夏文明；第二部分，朝廷的饭局；第三部分，行走的食物；第四部分，文人的味蕾；第五部分，权力的食物；第六部分，食物的历程；第七部分，盐——人类文明的密码。

全书的整体框架基本是按照中国历史演进的大致顺序和食物自身演进发展的规律来展开的：从华夏饮食文明的奠基基因，到儒家思想对国民饮食心态的影响，再到食物引发的民族饮食文化的融合；从文人的口味对美食情趣的影响，到食物的等级化象征，再到食物自身的发展历程，基本遵循了历史顺序的更迭。同时，每一个板块的讲述逻辑也遵循了这一基本原则。从文章的碎片化叙述中，基本可以读到一个大致的中国历史演进的脉络轮廓。

之所以把盐放在最后一个章节来讲述，是因为盐是味道的灵魂，是烹制菜肴必不可少的元素，是构成食物内核的一个不可或缺的部分。再者，盐本身在中国历史变迁和王朝更迭的过程中也扮演着举足轻重的角色，把它放在最后，算是对本书的总结和升华，也是一种隐喻和象征。

<h1 style="text-align:center">三</h1>

按照最初的设想和写作计划，这七个部分其实各自都是独立的一本书的体量。

在《小米造就华夏文明》这一部分，笔者通过小米、小麦、水稻、大豆、羊肉及土豆这六种食物的交织来梳理剖析食物与华夏文明的关系。小米代表着黄土高坡文明，小麦代表着中原农耕文明，水稻代表着南方的稻作文明，大豆代表着古老中国的手工作坊文明，羊肉代表着北方草原的游牧文明，而土豆则代表着海洋文明，正是在大航海时代之后，土豆这个来自南美的物种才迅速在全球繁衍开来，成为全球共通的食物。

六种食物的相遇相融，既是食物之间的碰撞组合，也是人类文明的碰撞与共生。目前收录进本书的这部分内容，只是关于小米文明的部分。

《朝廷的饭局》这一部分，主要讲述的是孔家菜的变迁。一桌孔府宴在历史上的跌宕起伏，既是孔子及其背后所代表的儒家思想在王朝历史上地位的变迁，也反映了一个个王朝治国理念的改变。

这部分内容原本也是一本书的框架。我们都知道孔子关于饮食的经典评断："食不厌精，脍不厌细。"这句话深刻影响了后来中国饮食的走向。同时他还有一句著名的论断就是"失礼之初，妨诸饮食"，所以，在本文中，笔者试图以孔府宴为分析样本来讲述儒家思想对中国饮食文明产生的影响，从而审视"礼制"是怎么从餐桌之上的饮食秩序演化为朝堂上对国家和社会的治理逻辑的。

四

食物的流动丰富了食物的结构，也催动了文明的融合。

在《行走的食物》这部分，笔者主要考察食物的流动对人类饮食结构、饮食风俗和社会文明的影响。食物原本都是有地域性的，从生态学的角度来说，土地决定着食物的形态，有什么样的泥土就会生长什么样的物种。同理，正如民谚所说的"一方水土养一方人"，有什么样的食物也注定着会产生什么样的饮食方式、饮食习惯和饮食风俗。但随着人口的流动、历史的变迁，加之食物自身的行走等原因，食物在不同地域和不同族群之间开展了广泛交流和移栽，食物的相互交流和嫁接又影响和改变了历史的走向。

可以这样说，食物的流动史，也是人类文明相互融合的历史。本章试图沿着食物流动的足迹去寻找历史变幻的印迹。其实，这也是笔者本人系列写作计划的一部书，这次收录的只是书稿中的部分章节。

《文人的味蕾》就相对清晰了：借助文人士大夫的诗词文章来考察历代饮食的趣味和不同时代的饮食观。文人是食物的记录者，也是食物影响力的传播者。今天的我们已经无法品尝到古人所吃的菜肴，也无法品味历史的味道，但我们可以通过这一行行文字把历史的味道串联起来，通过这一行行的文字和诗句来感知当年食物的芳香。

本章原计划选取四十位历代文人作为历史味觉的分析样本，从老子到庄子，从屈原到陶渊明，从司马相如、卓文君到李白、到苏东坡，从杜甫到陆游，从李渔到曹雪芹，沿着中国文脉的流动阅读中国食脉的跳动。而他们面对食物所发出的每一声叹息，似乎都在吹动着历史的炊烟。

五

沿着历史的餐盘去检阅，我们会发现，食物是有等级的，或者说，食物被贴上了一层等级的标签。

无论是周王室的"九鼎八簋"，还是用粮食的石数来标示古代官员官职高低，从两千石的王公大臣到五斗米的边缘小吏，不用报具体的官职，仅从他们的薪水俸禄里，我们就能察知一个官员的品级。但这些还不是问题的关键，关键是对食物分配权的掌控才是食物作为权力的最高象征。这是我在《权力的食物》这一章中想传达的思想。

显然，《权力的食物》应该是一本关于食物社会学的专著。在本书中，笔者仅仅截取了几个标本，更多的关于权力与食物的论述，尚需在以后的写作中完善。

《食物的历程》部分，主要考察食物的演进过程，进而透视中国历史的风云变幻。古语有云：洪范八政，食为政首。食物决定着人口的数量，食物也决定着历史的兴衰成败。从对食物需求口味的变化中，从食物品种的变化中，从食物数量的变化中，我们都可以从一个侧面读到一个个王朝的气力和心力。

正如前文所说，之所以把《盐——人类文明的密码》放在这部书稿里，除了盐是味道的灵魂，是食物必不可少的伴侣外，它更是一个个王朝行政管理的神器，也是人类文明进化的催化剂。在百姓的厨房中，它调剂着生活的味道，而在朝堂之上，作为白色的金子，它更调剂着国家的味道。

由于盐这个题材本身过于庞大，所以在另一部书稿中，笔者专门以《一粒盐中的中国史》为题进行了专门讲述。之所以把现在这一章放在本书的末尾，是想更充分阐述食物在历史中的味道。

六

在本书的写作和编辑中，笔者得到了研究出版社丁波先生的大力支持和帮助，在他的直接推动下，本书得以付梓。胡子老师为本书的编辑付出了艰苦的努力，没有他的用心，如此懒散而心意倦怠的笔者几乎无力支撑本书的写作和修缮。在此，笔者要向他们献上最诚挚的谢意！

在此，笔者要特别向黑龙江大学历史文化学院的朱桂凤老师表示深深的感谢。她不厌其烦地阅读了书中的每一篇文稿，并做了大量的校对工作。当然，笔者也要向我曾经奋斗过二十多年的《北京晚报》致谢，正是这一工作经历，使笔者能够有机会更多地走进食物的深处。在《北京晚报》，有幸和著名文化学者解玺璋老师共事多年，从他身上学到了如何从历史的角度出发去审视生活的细节，特别是要感谢他能在百忙之中为本书撰写了评论！

最后，笔者也要向这匆匆流逝的岁月致谢，它让我们一次次品尝着生活的滋味，有酸，有苦，也有甜。

是为序。

白玮

2021 年冬月于北京

第一部分 —— 小米造就华夏文明

以农业为本的中国史几乎就是一部中国生民获取食物的历史，漫长的中国史基本上可以概括为三个组成单元，那就是：动荡的历史、流动的人口和行走的食物。三者互为因果，相互交织，从而造就了波澜壮阔的中国食物文明。

　　检索一下中国历史的结构性变迁就会发现，正是因为人口对食物的不断渴求和占有，导致不同的民族间不断上演着攻伐和掠夺，历史就在这不间断的攻伐中动荡摇摆。历史的动荡摇摆又导致大批的人口不得不告别故土，被迫迁徙。人口的不断流动迁徙又一次次带动了食物的广泛行走和传播，行走的食物被流动的人口带往不同的泥土生根发芽。

　　一个地域的饮食文明在另一个地域扎根后，就催生了饮食口味和烹煮方式的变化，并繁育滋养出了新的饮食文明，从而写就了一部波澜壮阔、悲欢离合的中华饮食文明发展史。

华夏饮食文明地理

从中国的饮食结构来说，传统意义上的中国有四种饮食文明：以黄河中下游中原地区为中心的小麦文明，以长江中下游为中心的水稻文明，以西北塞外为中心的游牧饮食文明，以及以西北黄土高原为中心的小米文明。

中原饮食文明主要以麦面为主，中原人过着面朝黄土背朝天的农耕生活；江南饮食文明以鱼米为主，江南人过着饭稻羹鱼的优渥生活；草原饮食文明以牛羊肉为主，草原人过着刀马游牧的生活；而小米，代表的则是黄河流域的黄土文明。

以农业文明为核心的中原饮食文明，因土地肥沃，在中国历史的大部分时期内，都代表着生产力的发展方向和繁华富庶，这为中原的战事连绵埋下了伏笔。

在漫长的历史进程中，不同饮食文明的交汇激荡从来就没有停止过。

从周朝开始，来自西北的西戎族群，由于向往中原的富庶，为了获取中原的食物，就与中原的王朝不断地发生着战争。

公元前 771 年，申侯与犬戎联合，进攻周王朝，诸侯都不来救驾。犬戎与申侯迅速攻入镐京，幽王急忙逃到骊山，被骊山之戎所杀。这时，关中地区大部分都被戎人占领。

到周平王时，天灾不断。据史料载，从周宣王末年开始，西北关中一带连年干旱，洛水、泾水和渭水三川都干涸了，农业生产遭到毁灭性破坏，所产的食物已不足以支撑一个强大王朝的运行。同时，岐山一带又发生了地震和地崩灾害，老百姓的饮食也受到了严重的威胁。周太史伯阳父根据阴阳五行学说，认为这是周王朝将要灭亡的征兆。

当时，京师宫殿被焚毁，国库亏空，西边的很多土地被犬戎占去，边境烽火也是连年不息。于是，周平王不得不在秦国的帮助下将国都从镐京东迁至洛阳，把对付西戎的脏活、累活都交给了秦襄公。这为以后秦国的强大奠定了一个良好的基础。

周平王东迁这一事件标志着西戎的刀光正式开始闪烁进中原王朝上空，自此就再也没有停止过。西北和东北的各个族群部落，包括匈奴、西羌、鲜卑、党项、契丹、女真、蒙古等游牧族群，先后向中原的农业饮食文明发起冲击。一个游牧族群被打跑了，另一个新崛起的族群又袭来。两千多年的历史下来，来自北方的游牧族群像潮水一样不断冲击着中原农耕文明的河滩。

历史比较诡异的是，当北方游牧文明的刀光在中原的农田里闪烁时，中原王朝的臣民们也向南方的鱼米之地大规模移民。在中国历史上，前后发生的五次大规模人口迁徙像倒口袋一样，把中原的人口和粮仓都迁往了南方。

如果说周平王的东迁，只是把王朝文明从墙外搬到了墙内的话，那么，后来发生的五次大规模人口迁徙，则是让王朝文明带着饮食文明从故乡搬到了异乡。

在这五次大规模的移民历史中，有两次造成的影响最大：一次就是西晋时期"五胡乱华"造成的衣冠南渡；另一次则是北宋末年靖康之耻促成的宋人南迁。这两次大型人口迁徙诞生了四个饮食文化带：一个是今天的客家菜文化带，它相对完好地保留了中原饮食文化的余脉；一个是东晋的国都建康，即今天的南京饮食文化带；一个是南宋的临安，即今天的杭帮菜文化带；一个就是今天的黄山，即徽菜文化带。这四个地区的饮食风格都很好地延续发展了中原的饮食文明。

其间，隋炀帝开通的京杭大运河，将南北的饮食文化全面打通和连接，从而又创造了一个个运河沿岸的码头饮食文化。在此态势下，食物的界线渐渐模糊，它们汇合在同一个王朝的餐桌上，丰富着一个个后来的饮食民生，而淮扬菜无疑就是其中最典型的代表。

我们先不讨论历史的成败和悲欢，仅从饮食文明的传续上来说，四种饮食文明的相互交织和融合，构成了中华饮食文明的主体。如今，我们餐桌上摆放的食物，既有羊肉的鲜，也有鱼米的甜，还有面食的暖。它们同时汇聚在我们的胃里，一如在我们肌体内流通的混合血液一样，构成了我们今天所有的饮食生活。

我们都是小米的后裔

　　其实，作为华夏饮食文明的核心构成部分，小米文明应该是草原游牧饮食文明、饭稻羹鱼文明和小麦文明三种饮食文明的前序，正是小米文明奠定了中华民族的文化基因。就像我们的肤色一样，黄澄澄的小米和黄土成为我们这个族群的基准色。

　　在秦汉之前，更确切地说，整个先秦文明和上古文明主要是基于黄土之上的黄小米而得以建立的。没有黄小米，就没有中华的黄土文明。

小米：上天的恩赐

　　小米，古时称黍或粟，也称稷。

　　其实，黍和粟还是有着明显的区别：黍指的是发糯，有黏性的小米；粟米没有黏性，粟和稷本是同一物种，黍和粟都是古时所说的五谷之一。在民间，小米又称为谷子，被尊为"百谷之长"。所以，通常情况下，谷也成为粮食作物的代称。[①]

在今天山西的南部地区，依然流传着这样的说法：小米的前身是狗尾巴草，经过上古先人的驯化而成为早期中国先民的主要食粮。从某种意义上来说，这个名为狗尾巴草的谷子与中国先祖的相遇充满了神话性传奇。

根据传说，最先发现小米的是我们的祖先神农炎帝。

神农炎帝生活在原始部落从采集狩猎到种植养殖的过渡期，即从旧石器时代向新石器时代过渡的时期。此时，由于人口的增加，仅仅靠采集和狩猎已不能满足日常的需要，作为部落首领的炎帝不得不踏上寻找新食物物种的苦旅。

据后世的《拾遗记》记载：有一天，神农炎帝在苦思冥想之际，天空中飞来的一只丹雀帮他解决了难题，也可能是受了神的旨意，这只丹雀从嘴里给炎帝丢下了一棵九穗之禾。这棵九穗之禾就是已经成熟的狗尾巴草。

神农炎帝正是从这棵禾苗里悟出了农耕的道理。于是，便将这棵禾苗的种子种植起来，并教会了万民播种。从此小米便成为古代先民的主要食粮。[②]

---

① 参见游修龄：《论黍和稷》，《农业考古》1984年第2期，第277页。

② 《管子·轻重戊》记载："神农作，树五谷淇山之阳，九州之民乃知谷食，而天下化之。"《管子》，西苑出版社，2016年1月第1版，第676页。另：先秦《逸周书》云："神农之时，天雨，粟，神农耕而种之，然后五谷兴。"《拾遗记》云："时有丹雀衔九穗禾，其坠地者，（炎）帝乃拾之，以植于田，食者老而不死。"上述作品皆有提及。

历史的味觉

神农炎帝的耕作标志着中国的先民们从此开启了一个伟大的农耕文明。启动了这一农耕文明的神农炎帝，和开启了中华烹煮文明的黄帝一道被后来的万世之民尊奉为中华始祖。

小米如何成为中国农耕文明信仰

从神农炎帝启动农耕，一直到汉代，这两千余年的文明都是基于小米而建立的。因此，从某种程度上来说，这一时期的文明可称作"小米文明"。把这个小米文明发扬光大，并使之成为一种精神力量融入中华民族血液的是一个叫"弃"的人。

弃者，何人也？弃是周王朝姬姓家族的先祖。传说，弃是"有邰氏部落"一个名叫"姜"的女孩所生。当时，姜因踏巨人脚印而怀孕，遂生下了弃。因一度将他丢弃于乡野，故名弃。

弃小儿时，玩耍喜欢摆弄树木和庄稼，把树木和庄稼侍弄得井井有条，茂盛而丰美。及步入成人期，弃犹喜农耕。弃有相地之宜。他种植的庄稼，长势好，收成也高，农人纷纷效法，影响很大。尧帝知道后，就拜他为农师。

在尧舜时期，弃出任"后稷"一职。这个职务相当于今天的农业部长，而这里的"稷"就是我们今天所说的"黄小米"。后来，弃"教民稼穑"，让人们学会了种植稷，使得天下尽得其利。

弃之于民，功莫大焉，于是，弃被封为邰地的首领。[①]

后来，弃的子孙枝蔓繁衍，逐渐强大，到古公亶父为部族首领时，整个部族迁至岐山以南的渭河流域，即今天的关中平原。周文王和周武王在姜子牙的帮助下，率天下各路诸侯灭掉商纣王，开创了延续八百年的周代文明。

正是由于"稷"之于民生的重要性，稷子也被上升到一个部落图腾的高度，并与土地之神连在一起，合成"社稷"二字，成为国家的象征。[②]

小米是中国人的基因食物

从土地的性质来看，不管是神农炎帝还是轩辕黄帝，不管是尧、舜、禹，还是夏、商、周，不管是周朝的先祖还是后来的周朝，他们所赖以生存的土地都是黄土。稷之所以能在这块土地上孕育，成为一个王朝口粮的支撑，与它的生长习性分不开。

天地造化的神奇在于，有什么样的土地就会有什么样的庄稼，有什么样的庄稼就繁育什么样的生民。正所谓，一方水土养

① "帝曰：弃，黎民阻饥，汝后稷，播时百谷。"参见《尚书·尧典》，中华书局，2012年北京第1版，第24页。

② "帝王建立社稷，百王不易。社者，土也；宗庙，王者所居；稷者，百谷之主。所以奉宗庙……礼记曰：唯祭宗庙社稷，为越绋而行事。"参见《汉书·郊祀志》，中华书局，2012年北京第1版，第1152页。

一方人。同理，一方水土也同样会孕育一方的文明。

小米是典型黄土文明的产物，作为中华大地上一个最古老的庄稼物种，相对于小麦和水稻，小米的品性更适合在黄河中上游的黄土地生存。从这个意义上说，中国古老的农业文明之所以能够在西北部的地带上孕育壮大，显然与这种特殊的地理环境因素有关。

那么，小米究竟有着怎样的品性呢？

小米这个谷物物种天然耐旱，而且不是一般的耐旱，在贫瘠的土地上也能顽强生存。不仅如此，它的分蘖能力较强。同时，它的生长期又比较短，一般在50天到90天内就能生长成熟。另外，它的茎、叶较坚硬，可以作饲料，而且适合在冬季保存，以便喂养牛、马、羊等牲畜。

早期的粗放型耕作有着诸多缺点：土壤还未得到改良优化；缺乏有效的人力灌溉；杂草丛生。在这种情况下，只有小米这样的谷物才能够克服重重阻碍坚强地生存下来，为人类提供基本的口粮。

细察小米的这些品性，我们就可以发现，小米注定要成为黄土农业文明的根本性支撑，周王朝把"稷子"供奉起来作为国家的象征，中华文明在这块土地上的发源和壮大是一种地理选择的必然。

周朝在关中平原建立王朝和城邦后，他们在关中的土地上广泛种植粟米，并向全国推广，从而一举奠定了周朝稳固的社稷江山。到春秋战国时期，秦国因护国有功，从周王室那里承袭了这片土地，历经多年治理，粟米更是连年丰收，为秦国的壮大奠定了一个强大的粮食基础。

据历史记载，当年晋地发生饥荒，晋国向秦国借粮，秦国给晋国提供的救济粮就是黄小米。由此可见，此时关中平原"八百里秦川"的粮食生产已经在各诸侯国中处于领先地位。秦国能够养活庞大的军队，这片土地能够提供丰厚的粮草起着巨大甚至是决定性的影响。[①]

然而，秦汉以后，随着小麦文明和水稻文明的崛起，以小米为根基建立起来的文明的衰落也将成为必然。

那么，小米文明是怎么衰落的？它又怎样影响了王朝文明和后世历史的走向呢？

---

① "冬，晋荐饥，使乞籴于秦……秦于是乎输粟于晋。"《左传·僖公十三年》，中华书局，2012年10月第1版，第389页。

炎黄子孙基因里的食物

从人类文明起源发展进程来看，不同的食物种类滋养和塑造了不同的人类族群。因此，不同族姓人群的本初生命基因肯定都有着属于他们生命基因的食物。

如果每天都让一个美国人吃一顿牛排，他可以找到生命的存在感，但如果让他连吃三天河南的烩面，估计他就找不到胃的存在了。同理，对一个生长在中原的河南人，每天都离不开面食。

为什么说小米是我们华夏民族生命基因里的食物呢？那就需要从生命的起源和考古学视角以及语言学的角度来考察小米和我们华夏族群内在生命里的神秘联系。

我们很多人有过这样的经历：在病床上躺着的时候，或者大病初愈的时候，医生都会嘱咐我们，千万别吃辛辣和油腻的食物，就喝点小米粥吧。比较神奇的是，倘若连喝几天小米粥，身体就能慢慢恢复。所以，在各大医院的病房里，小米粥都是病号饭的标配。据此也许可以推断出，在某种程度上，小米肯定和我们的身体基因有着某种内在的联系，或许它就是唤醒我们生命元动力的食物。在一定的前提下，它能让我们脆弱的身体找到生命的故乡。

从生命的起源看，我们这个华夏族群和黄小米一样，都属于黄土地带的物种，只不过随着物种的进化，一个走向了人类；一个走向了植物，变成了粮食。造物主的神奇恰在于此，当它安排一个物种走向人类时，同时也会给这个人类物种安排一种相配的食物物种，以防止他们遭遇饥饿。

我们的生命和文明都在黄土地上发源，所以，造物主便把小米安排给我们，做我们的粮食。

建立在尼罗河的古埃及文明、建立在两河流域的古巴比伦文明及建立在恒河的古印度文明等"大河文明"都是建立于河流的冲积平原上，而古老的华夏文明则是建立在河流之上的黄土地带。

其他的古文明基本上都属于热带地区，而黄土文明则属于温带和半温带地区，不同的气候条件下生长的植被和食物都不一样，生命基因食物也截然不同。这说明，黄土文明下的生命基因食物是能在黄土上生长。

从河南西部的"仰韶文明"和陕西渭水之上的"半坡文明"考古报告就可以看出，华夏文明是典型的"黄土带文明"。

仰韶文化的遗存，在关中地区已经发现了四百多处，它们多分布于靠近河床的第一阶地上。这些地方，土质肥美，适宜种植，距水源又近，生活方便，而且地势较高，又无水灾之害，所以，当时的上古人类乐意也必须在此居住……

当时种植的谷物是粟，即现在华北盛产的小米。我们发现好几处储藏粮食的例子，尤其是第115号窖穴所藏已腐朽的皮壳达数斗之多。如果没有一定面积的种植和一定数量的收获量，是不会有这样多的储存的。

故此，考古学家们推测，当时人们种植粟类谷物的原因，可能是因为这种作物比较耐旱，与当时的生产力水平也相适应。同时，它们的产量与其他物种相比相对又多，成熟期也短，且久藏不坏。由于这些特点，它就成为最适合于当时生产条件和生命需要的食物。[①]

在新石器时代的粗笨而简陋的耕作水平下，黄土文明之下的人们还不足以耕种太耗费功夫的农作物，唯有"小米"这种原始生命力强，耐干旱的作物才能生存。所以，黄小米能成为早期华夏民族生命中的食物，实在是天地的奇妙造化。

其实，小米本身就是一个神奇的生命体。细致观察就会发

---

① 参见中国科学院考古研究所、西安半坡博物馆合著的《西安半坡——原始氏族聚落遗址》，文物出版社1963年版，第223页。

现，尽管小米只是一个植物物种，但它和鸡蛋的结构几乎是一样的：一方面，它有生命的胚胎；另一方面，它有胚胎发育时所需要的营养体。这是谷物类粮食作为生命体的神奇和伟大之处。因此，即使这些种子脱离了母株，当它们随着风和流水散落四方时，也会在另一块新的土地上孕育出生命。

这是种子们的奥妙所在，也是各类植物得以生生不息的内在奥秘。

世间的物种就是如此神奇。

小米，我们的"母语"

著名华裔历史学家何炳棣先生在他的著作《黄土与中国农业的起源》一书中曾经引述过这样一个观点：

> 粮食的耕作（特指谷物类粮食）使原始时代的耕作者不得不遵守一定程度的生活规律，不得不观察四季、气候、日月、星辰等自然现象。不管是旧大陆还是新大陆的天文、历法、算术、符号、文字等文明元素的发明无不起源于粮食作物的耕种。人类只有种植粮食并定居后，才会在物质剩余和空闲的基础上，产生高等的文明。[①]

这是今天国际考古学界、人类学界和历史学界的普遍共识：没有农业的耕作和食物的获取，就不会产生人类文明。

[①]　何炳棣：《黄土与中国农业起源》，中华书局 2017 年版，第 115 页。

其实，这样的观念，早在两千多年前，孔子就已经说过了："夫礼之初，始诸饮食。"①也就是说，人类的一切文明礼法和秩序都是在"食"的基础上创立的。

可见，小米不仅是上天给华夏民族最古老而慷慨的馈赠，更是我们生命里的"元食物"，同样也是我们华夏民族的"元文明"。所以，在历代的经典文献中，从最初的文字造型到后期的诗词歌赋，"小米"都作为一个鲜明的符号写满了华夏文明的纸张。

几乎可以说，"小米"就是我们文明的"母语"。

在过去，小米并不被称之为小米，小米的称谓属于典型的民间亲昵称呼。大米出现后，民间为了表达对它的特殊情感，才亲切地称之为"小米"。

小米在过去的称呼很多，归纳起来，主要是三种，即黍、粟和稷，小米是它们的泛称和统称。另外，黍和稷都是我们常说的五谷的成员。在过去的经典文献里，黍、粟和稷都曾频繁地出现，出现的次数令今天的我们感到惊诧。

据甲骨文考证大师于省吾先生的统计，在甲骨文的各类卜辞中，光一个"黍"字就出现了 106 次之多。

根据浙江大学农业史大家游修龄老先生对《诗经》的检索，发现黍和稷这两个字在《诗经》中出现过 37 次之多。在总共 305 首诗歌篇章中，平均每 9 篇就会提到这两种农作物。

---

① 杨天宇:《礼记译注·礼运第九》，上海古籍出版社 2004 年版，第 268 页。

关于粟，后世各类的典籍中出现的次数就更多了。粟，还一度被作为谷物类的统称出现在各种官方的文本里。

一千多年来，关于黍、粟和稷的关系，谁先谁后，谁是谁，训诂大师、历史学家、考古学家、农业学家始终争论不休，即使到今天也没有定论。由于此间牵涉的知识过于古奥和学术，我们在此不做专业性探讨。不过，对各类文章进行检索对比发现，黍和粟都是黄土地带的原产作物，它们都是小米的一种，只是表现形式有所不同而已。粟米就是稷子，稷只是粟米的一种敬称。

周朝的人之所以把"粟米"称之为"稷"，那是因为周朝的祖先"弃"在舜时代担任的官职就叫"后稷"，他的后人建立周王朝后，为了尊奉祖先的功绩，就把土地上生长的小米称之为"稷"，以示纪念。所以，稷有时也被称之为"穄"，明显带有祭祀的烙印。这也是后世在儒家观念基础上建立的王朝之所以把"社"和"稷"连在一起当作国家象征的原因。从西安半坡遗址发掘的实物来看，基本可以证实这一点。

不管这些名称之间的关系如何，作为历史悠久的"黄小米"，它们都是我们和先祖共同的粮食，一起创造了伟大的黄土文明。

建立在小米之上的黄土文明

每一种食物都有它的优势，但与优势相伴随的是劣势。

在原始农业粗放式的生长环境下，和其他作物相比，小米的优点十分突出，它不像小麦那样需要深耕细作，也不像水稻那样需要大量的水。

在西周时期，农业种植的水平相当粗糙，甚至笨拙，那时候还没有大规模的牛耕，也没有铁制农具。西周时期，仍然属于青铜时代，铁制的农具和牛耕要等到春秋战国之后才开始出现。而真正的大规模推广，要到汉高祖刘邦占领了这片土地之后才开始普及。

具体到灌溉技术，西周时期基本没有成形的灌溉体系，纯粹靠天吃饭。即使到今天，在陕北的黄土高坡和太行山区，农业种植还多是靠雨水灌溉。从今天挖掘出的西周文化遗址来看，当时的农田和城邦都是在渭河河谷的高地上耕种和建筑，第一阶梯是距水源 20 米高的坡地，第二阶梯则是 40 到 50 米的黄土带，灌溉基本没有。另外，从史料的记载来看，第一次大兴水利的时候，是秦朝建立后在关中开发出了郑国渠，才使关中平原有了人工灌溉。[①]

大秦帝国之所以能在长安立足，得益于灌溉的推行。西汉王朝之所以能在关中平原建立两百多年的基业，得益于秦帝国遗留下来的灌溉遗产和汉代开启的农业精耕细作。

由是观之，西周时期的关中平原，只适合种植小米。《周礼·职方氏》的原话是：

（泾渭之地）其畜宜牛马，其谷宜黍稷。

因此，在西周四百余年漫长的历史进程中，周王朝的主粮一直是小米，周王朝之所以能把社稷当作江山一样祭祀，不仅仅因为"后稷"是他们的祖先，更是因为小米是他们的生命维持之源，是他们的食物图腾和信仰。

但是，一件事物过于庞大，就会有害；一种作物有多少优点，同时会有相等的劣势。

---

① 何炳棣：《黄土与中国农业的起源》，中华书局，2017 年 1 版，第 99 页。

在无灌溉、无铁器、无精耕的"三无"耕作年代，小米们凭借着顽强的生命力给西周王朝提供着源源不断的能量，但在这种环境下生长起来的作物，能够存活已经是上天的神奇造化。因此，小米的产量很低。一般情况下，亩产也就 120 斤左右，良田沃土大概的亩产是150斤，碰上好的年成，大概最高也就是亩产200斤。碰上这样的好收成，整个国家都要向上天和祖宗祭拜，"民以食为天"的精神内涵也是从中而来。

此时的渭河平原相对于黄河中下游平原的河水泛滥之地和其他地方，算是沃土。此时全天下还没有大面积种植小麦，即使有，小麦也属于珍稀品种。到后来，等到小麦在中原广泛种植的时候，预示着全国的政治经济中心要随着小麦文明的诞生而向中原地带发生转移了。

此时，很少有稻谷，虽然河姆渡的水稻早在七千年前就已经种植，但对于遥远的西北王朝文明来说，河姆渡所在的江浙地带尚属于未开化的南越之地。当时，连齐国所在的区域尚属于东夷，更何况南越？待到后来的水稻成为全国的主要食粮时，预示着汉家王朝的中心又向江南发生转移了。

小米是如何支撑西周王朝的

如此薄弱的小米产量是如何供养着庞大的周王朝呢？这就需要考察一下西周当时的人口和地理了。

经历完和商朝的牧野大战，周朝稳定下来之时的人口是多少呢？

自古而来，说法不一。之所以各种说法不一，在笔者看来，主要是因为不同学者采用的年代样本和分析方法不同所致。有说三百万的，有说五百万的，也有说接近一千万的。但综合判断，按照复旦大学葛剑雄团队编撰的《中国人口史》的综述，西周时期，人口大约在五百到六百万左右。目前来看，这个人口数量比较可信。

周朝原本的土地面积并不大，仅限于关中渭河平原的丰、镐区域，即今天陕西杨凌国家高新农业基地一带。但周朝取代商朝，建立新王朝后，土地面积陡然变大。周王朝与商王朝不同之处，商朝属于氏族社会，土地归大家共有，类似于今天的集体制。周朝则不同，所有的土地都收归周王室所有，即所谓"溥天之下，莫非王土；率土之滨，莫非王臣"。再者，周朝实行分封制，将东夷之地分给了姜子牙，即后来的齐国；将鲁地分封给了周公，成了后来的鲁国；三监之乱后，又将商朝的遗民划到了商朝的旧都，即黄河中下游的河水泛滥之地——宋国。

有一个历史悬案需要交代，根据历史记载，商朝当时有二十万大军正在东线作战。商朝败落后，这二十万大军神秘消失，从此不见踪影。后来，人们发现了美洲大陆的印第安人，有一些学者认为印第安人的先祖就是商朝的这二十万大军。

据国外的考古学家研究发现，在今天墨西哥境内温暖湿润的土地上发祥的"奥尔梅克文明"可能是商朝后裔们开创的，因为"奥尔梅克文明"所崇拜的青铜文化、玉石文化及文字和中国安阳殷商文化的遗存有着某种同源性。他们据此提出一种假说，认为墨西哥印第安人的先祖是殷商王朝的后裔。[①]

这些都不是定论，值得一提的是，这期间所发现并最先培植出的玉米和马铃薯及红薯等农作物为后来全球人口的发展提供了新的动能，改变了全球的饮食结构。

---

① 中外一些学者提出"殷人东渡美洲论"，揭示了奥尔梅克文明突然出现的谜底，主要依据就是奥尔梅克文明的艺术风格和殷商时代的艺术以及图腾崇拜有着惊人的相似之处。作者注。

神奇的是，随着大航海时代的开启，哥伦布发现了新大陆，墨西哥印第安人所培育的辣椒、玉米、红薯和土豆等作物，被传播到中国，从而使中国在传统的小米、小麦、水稻农业文明之上又开启了一个新的玉米文明时代，令中国的人口一下子产生了几何级的增长。

食物在全球的传播和变迁的故事竟如此神奇而玄幻！

由此看来，西周的小米产量虽然不高，但在经过分封之后，大部分人口已经分流，周朝初期相当长的时期内，渭河平原上出产的小米供养周朝王室是没有任何问题的。

然而，四百余年的稳定期过后，西周王朝的人口已经远高于最初的人口。这就是学界关于西周人口是五百万和一千万的差异产生的原因所在，主要是因为他们采取的年代样本不同。

后期的西周，宗室十分庞大，而贵族阶层又不参与劳作，他们是养尊处优的群体，是《诗经》中所憎恨的那种"硕鼠硕鼠，无食我黍"的"大老鼠们"。生活资源分配的不公导致社会结构开始失衡。加之此时又有西部边陲的犬戎来抢夺粮食，到西周后期，渭河平原上的那点产出已经不足以支撑王朝的需求。

对此，万国鼎先生在他的著作《中国田制史》中讲得很清楚：

西周社会，显然有贵族与庶人两个阶级之分，而土地与庶人均为贵族之私有财产。大抵周民族自陕西东侵，其贵族亲戚（包括像姜子牙这样的有功之臣）各分得若干土地与人民，于是就建立不少原始封建式殖民地。然贵族不能亲自耕其田，稼穑之事，肯定由封地上的庶人代劳。土地上的产出，又都归贵族所有，耕作之人分到的那点粮食，只是很微小的一部分。[①]

这一点，就像《诗经·伐檀》里所描述得那样：

> 不稼不穑，胡取禾三百廛兮?
> 不狩不猎，胡瞻尔庭有县貆兮?
> 彼君子兮，不素餐兮!

也就是说，贵族阶层不但不下田劳作，还把粮食和下层劳动人民狩猎的物产几乎全部占为己有。因此，贫苦的下层劳动人民才发出了这样的愤怒之声和指责。其实，《诗经》中的大量诗篇，除了部分篇章属于歌颂周天子的外，《国风》里的很多诗篇或多或少传达的都是下层劳动农民的艰辛、质问和愤怒。可见，此时的西周，民间的不满情绪已经达到沸腾的程度。

然而，不唯如此，西周的贵族除了盘剥庶人的口粮外，相互也争田夺地。

---

① 万国鼎：《中国田制史》，商务印书馆 2011 年版，第 17 页。

贵族间相互争田夺地，本质上争夺的还是粮食，因为在那个时代，粮食几乎是财富的唯一象征。相互间的争夺意味着社会的各种矛盾已不可调和，这也是周朝后期酿成春秋争霸、战国纷争局面的核心根源。

所以说，西周的灭亡究其实质来说，还是财富之争造成的，而那个时代的财富，最具代表性的就是小米。或者说，财富只是粮食的代指而已，正如万国鼎先生所说：

贵族间亦每以强凌弱，夺人之田，往往为乱之阶。[1]

于是，到了这个时候，西周的衰亡已成必然。

周平王不得不迁都洛阳，以寻求更多的粮食支撑，这也是历史的必然……

在小米的背后，还有哪些王朝动荡的玄机？

---

① 万国鼎：《中国田制史》，商务印书馆 2011 年版，第 28 页。

小米的衰落：一个时代的消散

　　人类在获取食物的征程中，总是希望找到那些颗粒大、产量高、又不太费力的食物，只有这样，才能最大限度地抵抗那些捉摸不定的未知灾难带给人类的饥荒。正如今天的我们，不得不采取着诸如杂交技术，甚至转基因技术等手段来提高食物的产量。

　　这是人类获取食物的趋势，也是主导人类历史进化的重要内因，只要有庞大的人口，人类就要不断前行。过去是，现在是，未来仍然都是。只不过变换了形式而已。

　　而在数千年中国民生的生存发展史上，整个民族对饥饿的恐惧始终都像一把悬在头上的利剑，无时无刻不在威胁着民生的神经。

　　从中国古代王朝历史变迁来看，如果没有基本的食物来维持人口的存活，一切文明无从谈起，王朝江山的稳固更无以支撑。

在以农耕为立国之本的古代王朝，对粮食的考量也许不是最终主导一个王朝在一个地方建立城邦的唯一标准，却是一个有着决定性影响的指标。

回看中国历代王朝的都城变迁，基本上是按照这个大的历史趋势进行的。从这个意义上说，建立在小米文明之上的都城长安，早晚会被建立在另一种食物文明的城邦取代，也就是说，以长安为中心的关中小米文明早晚会衰落，对它来说，繁华的落幕只是个时间问题……

公元前771年，就像商纣王的殷商王朝因商纣王宠幸妲己而被周武王灭掉一样，周幽王的西周王朝也因周幽王宠幸褒姒而灭亡，两个王朝跌落的姿势几乎一模一样，就像预先设计好的模板似的。其实，在此之前，夏朝的夏桀也是因为宠幸妹喜而被商汤所灭，三个朝代三位亡国之君导致国家灭亡的方式是一样的。

灭掉西周王朝的不是别人，正是被西周朝廷贬斥为"犬戎"的西北边陲的游牧民族。

严格地说，这应该算是边陲游牧族群的刀兵第一次杀入农耕王朝的版图，并主导了一个王朝的更迭。在此后的数千年里，游牧族群饥饿的刀光始终没有离开过农耕王朝的座驾，并一直深深地、不间断地刺伤着农耕文明的心脏，最终将农耕王朝全部占领。[1]

历代的主流价值习惯上把西周的灭亡归咎于周幽王的"烽火戏诸侯"上，并以此把罪责转嫁到褒姒身上。这实在是对女性的不公。一个王朝的衰落，最终将黑锅让女人来背，历史评判的阴毒可见一斑。

历朝历代，哪一个政坛上重量级的男权人物不是妻妾成群？也没见史家对后宫佳丽有什么异议，而且似乎也没见她们对历史造成什么样的伤害。但王朝一旦败落，人们就一定会把这口黑锅扣到女人头上。这显然是一种缺乏责任担当的阴暗表现。

其实，导致西周灭亡的不是褒姒，也不是诸侯们的不救，更不是西周宗室资源权力的分配不公。这些都是历史的表象，究其核心原因，随着西周王朝数百年的延续，人口大规模上升，宗族官僚体系又过于庞大，加之宗室贵族对有限粮食资源的占有与争夺，此时此刻，这片土地上生产的粮食已经不足以支撑一个庞大王朝的运行了。

因此，"犬戎"的利刃刺入关中后，"脆弱的小米"的心力几乎衰竭……

---

[1] 其实，从某种程度上说，西周王朝的前身也有着游耕性质，在定都镐京之前，周王朝也在关中平原上来回变换着都城，其主要原因就是粮食生产。就像商王朝盘庚在把都城搬迁到安阳小屯之前，前前后后迁移了不下二十次一样。迁都的原因主要就是黄河中下游的冲积平原尚不具备粮食生产条件，也无力支撑基本的王朝运行，迁都到黄河以北、太行山东侧的黄土地带后，粮食生产才逐渐稳定。这才支撑了殷商后期近三百年的王朝江山。由于这个论题不是本章要重点讨论的话题，在此暂不展开论述。作者注。

小米的叹息，东周为何要迁都洛阳

公元前 770 年，伴随着西周镐京的陷落和周幽王的被戮，新即位的周平王将周朝的都城迁往洛阳，史称东周。

以周平王迁都洛阳为标志，预示着以小米为基础而创造的小米文明开始退居到历史的背后。同时，这也昭示着一个新的农耕文明即将走到历史的前台，它就是我们未来将要重点讲述的"小麦文明"。

周平王迁都洛阳后，虽然名义上还是一个王朝，但从实质上来说，东周活得相当窝囊，几乎不能称之为一个王朝，对于各路诸侯来说，它最多只能算是一个虚拟的静物。需要用一把的时候，就利用一下，不需的时候，就可以弃之不顾。此时的周朝江山，已经散落为 140 多个诸侯国。诸侯国之间，各自为政，相互算计。从此，整个国家进入春秋时代。

那么，周平王为何要将都城迁到洛阳？其中的玄机又是什么？

历史上，关于西周灭亡和周平王东迁的原因分析有很多，但归纳起来，大致主要有以下几个方面：

其一，犬戎的骚扰。

西周后期，以镐京为中心的关中平原，在经过犬戎部族的烧杀抢掠后，镐京几乎变成一片废墟，宫殿大部分被焚毁，国库空荡无物。而且西边的很多土地都被犬戎占领了，边境烽火更是连年不息。在此背景下，农业生产几乎遭到彻底破坏，土地上生产的粮食已经不足以支撑江山的运行。

其二，关中地震。

早在西周灭亡的十年前，即公元前780年，也就是那个宠幸褒姒的周幽王即位的第二年，都城镐京周边就发生了一系列地震。司马迁在《史记·周本纪》里对此有详细记载。

周幽王二年，西周一位叫伯阳甫的大臣说："周快要灭亡了！天地间的阴阳之气，不应该没有秩序；如果打乱了秩序，那也是有人把它弄乱的。阳气下沉，不能出来，阴气压迫着使它不能上升，所以就会有地震发生。如今三川地区发生地震，是因为阳气离开了它原来的位置，而被阴气压在下面。阳气不在上面却处在阴气的下面，水源就必定受阻塞，水源受到阻塞，国家一定灭亡，水土通气才能供民众从事生产之用。"①

---

① "幽王二年，西周三川皆震。伯阳甫曰：周将亡矣……原塞，国必亡。"《史记·周本纪》，中华书局，2011年第1版，第129页。

土地得不到滋润，民众就会财用匮乏，如果到了这种地步，国家怎能不灭亡？

不管是西戎攻掠还是关中地震，其实，上述两个原因都指向一个事实：土地上的产出已不足以养活一个王朝了。实际上，司马迁在这段文字里已经非常清晰地指出了这一核心原因，用他的原话就是：

夫水土演而民用也，土无所演，民乏财用，不亡何待！[①]

另外，周平王之所以迁都洛阳，是因为洛阳一直就是周王朝的陪都，或者说是周朝的备用都城。这个备用都城其实从周公就已经开始建造了，也就是说，从四百多年前起，周朝的开创者们就已经开始为自己准备后路了。

这就是历史上著名的"周公营洛"计划。

周公当年这么考虑，一是为了防范商朝遗民闹事；二来主要还是出于粮食的考量。

西周初期，因为自然地理环境的原因，虽然中原的农业生产地理和粮食产量无法和关中平原相比，但作为一代圣贤，周公在

---

① "演者，水土气通为演，演犹润也。演则生物，民得用之。"这段话的意思是说，如果水土不生财物，王朝就必然灭亡。《史记·周本纪》，中华书局，2011年第1版，第129页。

辅佐年幼的周成王打理江山的时候，未雨绸缪，早早地就为周王朝的未来设计了一个生命的备胎。

周公摄政后，刻不容缓地实施周武王的既定方针——建都计划。只有实现这个计划，周的统治才算建立。于是，周公先派召公到洛邑实地勘查。继之，周公亲赴洛邑测量，决定设立一都一城。

周武王灭殷后，将殷商贵族封在殷都旧地，由于鞭长莫及，这些殷商贵族发动了为时三年的三监之乱。平叛之后，周公为根除隐患，将俘获的殷商顽民押送到洛邑，以成周八师对他们实行集中管制，这就要为他们另建一城。于是，原来的一都一城计划便变更为一都二城，洛阳就是在这一背景下建造的。

事实证明，周公的这一顶层规划和设计至少影响了中国两千年的王朝生态，并为后来的多个王朝提供了一个危机处理预案范本。从后来的历史实际来看，无论是东周的迁都，还是刘秀在洛阳建立东汉，还是强盛的大唐在洛阳建立政治副中心，洛阳都更像是一个个王朝的逃生通道，延续了一个个王朝的香火。

周平王东迁标志着以小米为依托建立的西周饮食文明就此衰落，同时，也标志着以关中平原为依托的农业经济中心将逐渐向中原地区和黄河下游冲积平原过渡。

随着春秋战国时代铁器和犁铧农具的使用，华夏民族开启了一个新的农业文明周期。

被伤害的小米

　　1793 年，在马戛尔尼带着豪华的英国出使团和六百箱礼物忐忑不安地拜访大清帝国的皇帝乾隆之前，整个西方对东方的认知，还像神话一样，涂满了神秘、富贵、强大、光鲜的色彩。尤其在马可·波罗妙笔生花的描绘之下，西方对东方这个传说中的文明古国充满了好奇、向往，甚至是敬仰。

　　但是，大清帝国和乾隆的傲慢和蔑视弄得充满崇敬之情前来拜访的马戛尔尼煞是垂头丧气、灰头土脸，恰恰也正是大清帝国的傲慢和轻视让马戛尔尼倔强的内心看到了这个文明古国的迂腐、陈旧和暮气。

　　此时的西方，在经历了文艺复兴、宗教改革和大航海等各种运动之后，已经打开了现代文明的大门。尤其是英国，在经历了工业革命的推动后，正主导着一场新世界、新文明、新秩序的到来，他们根本不是东方古老帝国惯性认知中的那种落后、粗俗、野蛮的番邦蛮夷。

因此，带着新世界文明自信的马戛尔尼一行在经受了乾隆皇帝的一通伤害后，对大清帝国和这个国家的文明和人民的看法一落千丈。以此为标志，西方对东方的敬仰开始逐渐消失，随着更深更多的贸易接触和交往了解，他们已经急不可待地要给这个文明古国贴上落后、愚昧的标签。

这两种截然不同的文明在此相遇时，大清帝国所代表的没落文明的衰败基本已成定局……

这一看法和认知不仅仅表现在政治、军事和文明上，还表现在整个科学界和知识界、学术界。

在此后的近两百年间，西方的各种文明快速发展，世界的目光和见识从此进入一个新的规则和语境中，在这种规则和语境之下，东方文明基本被排斥在世界之外。关于东方的词汇，除了"落后"、"愚昧"和"丑陋"之外，再也进入不到世界的主流话语。

当然，这一点，也包括对中国"小米文明"的漠视。

长期以来，西方的考古学家、历史学家、农业学家和地质学家们一直不认同中国的"小米文明"，他们像怀疑历史上没有夏朝这个朝代一样，也基本不认同中国是"小米"原产地的史实，以至于到今天，还有一部分历史学家和农学家坚持认为小米不是中国的原生物种，而是从印度或者中亚及西伯利亚传来的。

这显然令我们的"小米文明"很受伤。

最具代表性的就是发现了"仰韶文明遗址"的瑞典地质学家安特生，虽然他是"仰韶文明"的发现者，但他始终坚持认为，中国的新石器文明的发源远比西亚晚，他还断定，中国的"小米文明"的来源必然是西亚。

德国人编著的植物分类辞典也认为"稷"这类作物出自印度。这些说法显然影响了印度科学家的研究。因此，有印度科学家一口断定：中国北部的小米不是中国原生的，而是由热带地区传入的。更有观点认为"小米"的原生地是非洲。

直到今天，这种偏见依然存在。

可见，重新考察食物的原产及传播脉络和因食物带来的文明发源显得非常必要。可惜，中国目前从食物的角度研究人类学的专家还不多，这也正是笔者坚持"以食写史"的动力之所在。

那么，真的如部分西方科学家怀疑的那样，小米真的是一种"外来的文明"吗？

针对这种情况，美国的何炳棣先生及国内众多农史专家通过各种实例进行了全方位的反驳。在前文里，我们已经说过，无论是半坡遗址的考古发掘，还是土壤的特征都能说明小米的原产性。

除此之外，更有从包括语言学的角度进行的反驳。

有学者发现，根据印度人自己联合国际顶尖科学家编著的大百科全书《印度的财富》，在关于"小米"的条目中就承认，印度从来就没有发现过"小米"原生种，也没有找到相关的考古证据。

其实，从印度各种关于小米的文字中就可以发现"小米文明"发祥的端倪，古梵文里的"小米"一词，写作"cinaka"或"cinna"。这个词汇表述的意思其实就是"中国小米"。

虽然在当代印度语里对"小米"的叫法有很多，但基本上都写作"chena"，或者"cheen"，又或者"cheena"。显然，这些词汇都指向一个来源，那就是中国的小米。

从西亚的语言来看，古波斯文把小米喊作"susu"，很显然，这个词汇典型属于古代中国民间将小米唤作"黍秫"的忠实音译。[①]

至此，小米属于温带黄土文明的原产作物确凿无疑，正是它支撑着古老的中国创造了一个闪闪发光的先秦文明……

[①] 转引自何炳棣:《黄土与中国农业的起源》，中华书局，2017年7月第1版，第121页。

第二部分 —— 朝廷的饭局

孔府宴被称为天下"第一官府名宴"。

所谓孔府宴，就是孔子后人为接待朝廷官员、达官贵人及祭祀时在孔府设立的私家宴席。宴席遵照君、臣、父、子的等级，有不同的规格。是当年孔府接待贵宾、袭爵、上任、祭日、生辰、婚丧时特备的高级宴席，是经过数百年不断发展充实，逐渐形成的一套有独具风味的家宴。

后世的史学家和美食家，包括今日的烹饪界都以此来判定说孔子也是个美食家，并以孔子的名言"食不厌精，脍不厌细"来演绎孔子对美食的精细讲究。

那么，孔子到底是不是个美食家？孔府宴和孔子本人的日常饮食有没有关联？孔子在《论语》中关于饮食的主张该如何解读？孔府宴究竟是一场美食宴席，还是一场官府饭局？孔府宴又是如何演绎为朝廷的饭局的？

现在，就让我们走进孔府家宴的深处，一同揭秘孔府宴的历史迷香。

汉高祖刘邦为何要祭孔

公元前 195 年，在孔子死去 284 年后，在诸侯列国纷争后的烟尘里，被淹没了近三百年的孔子地位突然变得尊贵起来。尊奉他的不是别人，正是被某些史学家称为很没文化、在后代文人士大夫们的诸多作品中一直被演绎为沛县小混混的汉朝开国皇帝——刘邦。

这一年，他来到齐鲁大地上的曲阜，祭拜孔子，并以此为契机将孔子的第八世孙孔腾赐封为"奉祀君"。[①] 从此之后，孔府菜就作为一个朝廷饭局的象征性标签循序渐进地粘贴在了中国封建王朝的封面上。

---

① 见司马迁《史记·孔子世家第 17》，原文如下："高帝过鲁，以太牢祠焉。"中华书局，2011 年 1 月第 1 版，1740 页。另：太牢：太牢是古代帝王祭祀社稷时，牛、羊、豕（shǐ，猪）三牲全备。古代祭祀所用牺牲，行祭前需先饲养于牢，故这类牺牲称为牢。又根据牺牲搭配的种类不同而有太牢、少牢之分。少牢只有羊、豕，没有牛。案《礼记内则第十二》：庶人特豚，士特豕，大夫少牢，国君世子大牢。

刘邦比较讨厌儒生

谁也不会想到，就是这样一个没有文化而又奉行道家"无为"治国主张的刘邦会把儒家的孔子扶上国家的祭坛。

刘邦出身市井小吏，祖上世代文盲，不学无术。年轻时还以"生不读书""生不学书"为荣，一身痞子恶习，终日与一帮小混混喝酒吃肉。

刘邦特别不喜欢儒生。在带兵争夺天下之时，有很多儒生来求见他。他表现得也十分粗俗，甚至很流氓。看见人家戴着儒生的帽子，就直接命人把儒生们的帽子摘下来，扔到地上，还往里面撒尿。①

史书上曾经记载了这样一个故事：

著名儒生郦食其在经人推荐第一次求见刘邦时，刘邦故意坐在床上，还特意叫来两个女子，一边做着足部小保健，一边接见他。

郦食其大为愤怒，拒不行跪拜之礼。刘邦也甚为愤怒，张口

---

① 见司马迁《史记·郦生陆贾列传第37》，原文如下："骑士曰：'沛公不好儒，诸客冠儒冠来者，沛公辄解其冠，溲溺其中。与人言，常大骂。未可以儒生说也。'"中华书局，2011年1月第1版，第2356页。

大骂，直接斥之为长着一副儒生的奴相。[①]

刘邦对儒生的蔑视，那是从骨子里就自带的。但是，就是这么一个儒生鄙视者，为什么在做了帝王后，突然来了个180度的大转弯，成为第一个正式向孔子祭拜的帝王呢？

刘邦是怎么发现孔子的？

在登基帝位的前期，刘邦还保持着蔑视儒生的惯性爱好，认为自己是靠马上得的天下，《诗》《书》《礼》《春秋》什么的都没什么用，还废除了秦朝那一套烦琐的法制体系。

刚做皇帝的那几年，刘邦常常与群臣在朝廷上大摆筵席，哥们弟兄，喝得不亦乐乎。众人有时喝到酩酊大醉时，当场拔剑乱砍，把一个朝廷硬生生变成了街头大排档。《史记》是这样描述的：

> 群臣饮酒争功，醉或妄呼，拔剑击柱，高帝患之。[②]

这样吃着喝着侃着，刘邦的心里不踏实了：朝廷也不像个朝廷，帝王不像个帝王，成何体统，为之奈何？

---

① 见司马迁《史记·郦生陆贾列传第37》，原文如下："沛公至高阳传舍，使人召郦生。郦生至，入谒，沛公方倨床使两女子洗足，而见郦生……沛公骂曰：竖儒！"中华书局，2011年1月第1版，第2356页。

② 司马迁：《史记·刘敬叔孙通列传第39》。中华书局，2011年1月第1版，第2381页。

这时，一个叫叔孙通的儒生就趁机献策，向刘邦建议推行儒家的那一套礼法体系。史书这么说的：

> 叔孙通知上益厌之也，说上曰："夫儒者难与进取，可与守成。臣愿征鲁诸生，与臣弟子共起朝仪。"[1]

这段话的大意是：儒生们虽然不能协助帝王征战四方，却能安邦治国，以礼仪之规治理天下。刘邦闻言大喜，就欣然说："你赶紧的，去办吧！"

就这样，经过叔孙通的一番打造，一套儒家的礼仪之法就在新落成的长乐宫里正式登上刘汉王朝的殿堂：

> 于是皇帝辇出房，百官执职传警，引诸侯王以下至吏六百石以次奉贺。
>
> 自诸侯王以下莫不振恐肃敬。至礼毕，复置法酒。
>
> 诸侍坐殿上皆伏抑首，以尊卑次起上寿。觞九行，谒者言"罢酒"。
>
> 御史执法，举不如仪者，辄引去。竟朝置酒，无敢欢哗失礼者。[2]

---

[1] 司马迁：《史记·刘敬叔孙通列传第39》。中华书局，2011年1月第1版，第2381页。

[2] 司马迁：《史记·刘敬叔孙通列传第39》。中华书局，2011年1月第1版，第2382页。

用今天的话说就是：

汉高祖乘坐着"龙辇"从宫房里出来，百官举起旗帜传呼警备，然后引导着诸侯王以下至六百石以上的各级官员，依次毕恭毕敬地向皇帝施礼道贺。诸侯王以下的所有官员没有一个不因这威严仪式而惊惧肃敬的。等到仪式完毕，再摆设酒宴大礼。诸侯百官坐在大殿上都敛声屏气地低着头，按照尊卑次序站起来向皇帝祝颂敬酒。斟酒九巡，主持宣布"宴会结束"。最后，监察官员执行礼仪法规，找出那些不符合礼仪规定的人把他们带走。

从朝见到宴会的全部过程，没有一个敢大声说话和失礼的。走完这一套流程后，汉高祖刘邦意犹未尽地说：

吾乃今日知为皇帝之贵也。[1]

到这个时候，刘邦不免由衷地感叹说："啊！今天我才有了做皇上的感觉。"

刘邦的跪拜

叔孙通将儒家的这套君臣礼法搬上大汉王朝的朝堂之上，刘

---

[1]　司马迁：《史记·刘敬叔孙通列传第39》。中华书局，2011年1月第1版，第2382页。

邦才真正体会到了做皇帝的威仪。也就是说，孔子的那套礼仪体系让他体会到了当皇帝的权威，让他透彻地享受了一次"权力的滋味儿"。

因此，几乎一夜之间，刘邦就从一个鄙视儒生的皇帝变成了"尊师重教"的倡导者和引领者。虽然治国之道上采用的还是道家的无为思想，这一套礼仪却让他十分受用。

其实，究其本质来说，他哪里是在尊孔，而是在告诫天下人，要尊重帝王的威仪。

也就是从这一天起，孔子已经不再是孔子，而是作为一个"尊重朝廷"的符号被贴上了王朝的标签，并开始一代代地传承下去。既然是一个符号，就要把这个符号的意义包装得神圣和庄严，那么祭孔大典也就顺理成章了。

于是，在刘邦驾崩的五个月前，在临幸完淮南返回帝都长安的途中，他特意绕道曲阜，并郑重地为这个符号添加上了第一道宴席的佐料。

在曲阜，刘邦以太牢之礼对孔子进行了盛大的祭祀……

孔府宴是怎样走上圣坛的

那么，什么是太牢之礼？刘邦为何要用太牢之礼来祭祀孔子？

另外，太牢上的祭祀食品，在祭祀完毕之后，都发给谁吃？又该如何吃呢？

什么是太牢之礼

所谓太牢之礼，是中国古人创建并一直延续的一种祭祀神灵和宗庙的制度。祭祀之前，先将祭祀用的牲畜暂养在木制的围笼内。故此，就把这类用于献祭的牺牲称之为"牢"。

祭祀用的牺牲品主要有三类：牛、羊、猪，合称"三牲"。

古代的祭祀之礼有严格的等级制度，按照等级从高到低分别为：太牢、少牢、特牲（特牛）、特豕、特豚等。其中，最高规格的祭祀就是太牢，第二等级是少牢，依次往下排列。太牢的祭品是三种：牛、羊、猪皆有。少牢只有羊和猪，没有牛。

根据这一等级制度，对祭祀人的身份地位也有严格的规定，天子才可行太牢之礼，三牲皆有；诸侯次之，用少牢，只有羊和猪；士大夫用特牲祭祀，依次下排。到普通百姓这里，只能是简单的供品了。

不惟如此，根据礼制，对祭祀的对象也有严格的规定：古制官方祭祀中，分大祀、中祀、小祀三个级别，最高等级是大祀，如：祭祀上帝（五方上帝单独祭祀称为上帝）、配帝、五帝（五帝合祀称为五帝，并有五个配帝，以及其他星宿陪祀）、日月均属大祀。

其中五帝是指朝廷官方指定的"五天神"，即东郊青帝、南郊赤帝、中郊黄帝、西郊白帝、北郊黑帝，这五帝各自的配帝，也是中华民族的人文始祖。如果依然觉得不好理解，我们从今天北京城现存的历史建筑遗存就可以清晰地理解。

北京历史遗存背后的饮食制度

在古代中国，祭祀是国家的一项重大活动。《左传》有言："国

　　　　　　　　　　　　　　历史的味觉

之大事，在祀与戎。"①意思是说，祭祀和战争都是国家最为重大的事务。

根据古代中国"左宗右社"的建筑格局，在居室的左边，也就是东边，要建设祖宗庙，用于祭祀祖宗。西边，要建有祭祀土地的社庙，用以祭祀土地神。

今天的北京，基本完整保存着这一历史遗存。故宫前门的左边，就是东边，是祖宗庙，即今天的劳动人民文化宫和太庙所在地。之所以叫太庙，就是专门为祭祀祖宗而建立的祭祀之所。故宫前门的右边，也就是西边，就是祭祀土地神的社庙，就是今天的中山公园所在地。

在今天的中山公园里，还保留着一块五色土祭坛，就是建于1420年的社稷坛，它是明代迁都北京后建的第一坛。明清两朝历代皇帝于每年春秋第二个月的第一个戊日，都要来这里祭祀社神与稷神。

社稷坛的布局：东边是青土，代表青帝伏羲氏；南边是赤（红）土，代表赤帝；西边是白土，代表白帝少昊。北边是黑土，代表黑帝颛顼；中间是黄土，代表黄帝。

---

① "国之大事，在祀与戎。"出自《左传·成公·成公十三年》。原文："刘子曰：'国之大事，在祀与戎，祀有执膰，戎有受脤，神之大节也。今成子惰，弃其命矣，其不反乎？'"刘康公说："国家的大事情，在于祭祀和战争。祭祀有分祭肉之礼，战争有受祭肉之礼，这是和神灵交往的大节。现在成子（指成肃公）表现出懒惰不恭，丢弃天命了，恐怕回不来了吧！"郭丹等译注，中华书局，2012年10月底版，第974页。

五色土象征着国家社稷，有"溥天之下，莫非王土"之义。人非土不生，非谷不食，社稷成了封建时代国家的象征与代名词。

1420 年，在正阳门南侧建起天地坛，配有日月、星辰、云雨、风雷四从坛，当时是天地日月等一起祭祀的。到了 1530 年，又对诸神实行分郊祭祀。在天地坛（今祈年殿，又名祈谷坛）的南端建起圜丘坛（天坛），又有祭天台之称，于每年冬至日供皇帝祭天之用。这就是今天的天坛公园，比较有意思的是，今天的天坛也是个放风筝的地方，冥冥之中，似乎也是以"飞天"的形式向上天祭拜。

在北京城的安定门外，还建有方泽坛，即今天的地坛公园。它是明清皇帝每年夏至之日祭祀土地神的场所。比较有意思的是，每年的地坛庙会非常有名，而庙会里最有名的是各种民间小吃，似乎蕴含着以这样小吃的形式向大地祭拜。

另外，在今天的朝阳门外还建有日坛，用于春分日祭日；阜成门外建有夕月坛，为秋分日祭月，即今天的月坛公园。可惜的是，月坛里面的建筑在"破四旧""批林批孔"的浪潮中遭到了毁灭性破坏。

除此之外，北京城内还建有先农坛和先蚕坛。先农坛是祭祀神农氏之地，自清雍正二年（1724）起，皇帝于春季第二个月的亥日吉时，来此"亲御耒耜"。先蚕坛为明嘉靖年间建，原在安定门外，后迁至西苑东北角（今北海公园内）。每年春季第二个月的巳日吉日，皇后要来此祭祀并行躬行桑礼，以示对农副业生产的关怀与重视，有时遣妃代行祭礼。

在这些祭礼中，一般都由皇帝或皇后本人亲自行使祭礼。

太牢之礼，也是饮食的等级制度

在古代的祭祀体系中，只有天、地、日、月、五方帝和华夏之祖等才配享太牢这样的大祭。当时，刘邦突然对孔子行此大礼，此中原因何在？

在此之前，必须先交代的一点是，太牢之礼，不但是最高规格的祭祀之礼，同时也寓意着一个严格的饮食等级制度。关于这一点，从《礼记》中的条文记载中就可清晰地看出来：

> 天子社稷皆大牢，诸侯社稷皆少牢……诸侯无故不杀牛，大夫无故不杀羊，士无故不杀犬豕，庶人无故不食珍。[①]

按《周礼·膳夫》规定：王日一举，鼎十有二物，谓大牢也，是周公制礼。天子日食大牢，则诸侯日食少牢，大夫日食特

---

① 大牢，祭祀供品牛、羊、豕三牲皆用，谓之大牢，大同太；少牢，祭祀供品用羊和豕，谓之少牢。胡平生等译注，《礼记·王制第五》，中华书局，2011年11月第1版，第261页。

牲，士日食特豚，至后世衰乱。

等级秩序在食物的分配上有着严格的划分，不同的级别，食物的数量和规格都不一样，从王到士，依次递减，到百姓这里，就只有吃粗食了。

还有一点需要说明，祭祀用的祭品，在祭祀仪式完成后，是要分给王公大臣们食用的，什么样的祭品分给什么样的人吃，都有严格的规定。能够分享祭品之物，在古代也是一种至高无上的荣耀，就跟清朝得了黄马褂一样，甚至比得到黄马褂还荣耀百倍。

上述这一切，正是孔子所倡导的儒家思想和饮食理论的发端和核心灵魂。那么，贵为天子的大汉皇帝刘邦给予孔子这样的献祭大礼，又象征着什么呢？

历史的味觉

饥饿的孔子

如丧家之犬的孔子

先讲个关于孔子的故事。

有一次，孔子周游到了郑国，与弟子走散。孔子一个人兀自伫立在城墙东门旁发呆，被郑国的人看见了。郑国人就对孔子的弟子子贡说："东门边有个人，他的前额像尧，他的脖子像皋陶，他的肩部像子产，不过自腰部以下和大禹差三寸，看他劳累的样子就像一条'丧家之狗'。"

子贡把这段话一五一十地告诉了孔子。

孔子无奈地自嘲道："把我的外表说成这样，实在是夸过头了。不过，说我像条无家可归的狗，确实是这样！确实是这样啊！"

确实如此，纵观孔子的一生，从少年时代的孤苦，到中年时代的仕途颠沛，再到老年时代的列国游历，他动荡的一生，基本上像他自嘲的一样：累累如丧家之犬。

在这样的日子里，被后世食界尊为"食不厌精，脍不厌细"的美食理论开创者的孔子，他的饮食生活到底是什么样的呢？

孔子少年时代的清贫生活

孔子少年时代基本上是孤苦的，这一点，和后来的曹雪芹少年时代的锦衣玉食有着鲜明的不同。

孔子祖上虽是贵族，但到他父亲叔梁纥之时，已经没落。他父亲是为躲避宋国战乱从河南的夏邑逃到鲁国陬邑的，官职也不大，只是陬邑大夫。

生下孔子的时候，他的父亲已经六十六岁，他的母亲颜征在刚二十岁。孔子的生母颜征在是孔子父亲的第三个小老婆。按照古时的地位，他母亲在孔家的地位连小妾都不如。

再者，他父亲这么大年纪了，还娶了个二十岁的小姑娘，于礼不合。因此，颜征在生孔子的时候都没在孔府，而是跑到附近的尼丘山上生的。因此，孔子被起名为孔丘。

孔子三岁的时候，他父亲去世了。父亲的去世，更使孔子的母亲失去了庇护，被他父亲的正妻，即孔老爷子的第一夫人驱逐了出去。于是，孔子的生母颜征在带着孔子，还有他父亲和小妾所生的儿子孟皮搬出了孔家，在曲阜的阙里过着清贫的生活。

公元前 535 年，孔子的母亲也去世了。这一年，孔子刚刚十七岁。

从出生到十七岁，这十多年的时光，孔子基本上没吃过什么好东西，而且一直受到歧视。这一点，从一件事情上就可以看得出来。

孔子的母亲去世这一年，鲁国的大贵族季氏宴请鲁国士一级以上的贵族，孔子听说后也去赴宴，结果被季家的家臣阳虎拒之门外，弄得甚是难堪。

可见，在孔子成年之前，在清贫的日子里，能吃到一场宴席就已经非常不错了，更别说什么甘餐沃食了。

正如他自己在《论语·子罕》中所说的："吾少也贱，故多能鄙事。"

仕途挫折下的饮食生活

在少年时代没吃过什么好东西的孔子，进入仕途后也比较寥落。

孔子二十岁的时候，他儿子孔鲤出生了。为了养家，这一年他不得不开始出去谋事。最先干的活是管理仓库的杂役，随后，又被派去管理牲口。做的都是一些不大不小的官职。大概在他二十七岁的时候，开始办私人学校。

古代收学费，通行收束脩，束脩就是干肉条。孔子办学的时候，学生们就送给他束脩作为学费。束脩虽不是什么好东西，但毕竟还是肉食。这一段时间，孔子还是可以吃到一些肉的。

鲁昭公二十五年（公元前 517 年），鲁国发生内乱。孔子在鲁国待不下去了，就跑到了齐国。刚开始，齐景公还比较赏识他，打算给他一些封地，但都被齐国的大臣晏婴给否了。否了几次后，齐景公也就不再提给他封地的事了。

在齐国待了两年，到公元前 515 年，齐国的大夫们死活瞧不上他，都想害死他。孔子见大事不妙，就跑到齐景公那里求救。

齐景公的回答更令他绝望。齐景公说："我年纪大了，说话也不管用了，罩不住你了，你还是自己想办法吧。"仓皇绝望之下，孔子只好回到鲁国。

中年时期的孔子生活

中年时期的孔子回到鲁国后，总算担任了一些比较重要的官职，但离贵族阶层还差得远，始终游离在贵族圈子和国家权力核心之外。

公元前 504 年，孔子已经四十八岁了。这时候，曾经将孔子驱逐于宴席之外的季氏家臣阳虎擅权日重，鲁国的大权被家臣掌控。看到这一情况，孔子自觉进入高层无望，灰心之下，便离开官场，带着弟子在家修经。但由于拗不过阳虎的权势，在阳虎的邀约下，孔子后来不得不出任鲁国的小司空，级别类似于今天的副部长，掌管祭祀之事。这一点非常重要，直接决定着他后来的美食价值观走向。

公元前 499 年，也就是孔子五十三岁的时候，他出任鲁国的大司寇，类似于今天的国师，掌管礼法和意识形态，是国家礼仪制度的最高裁判长，并协助处理鲁国的日常事务。

这一段时间，孔子的主要工作是恢复周公制定的礼法，对日常饮食生活并无什么奢华要求。两年后，他与鲁国贵族阶层的矛盾日渐激化，开始被上层集团抛弃。

不久，鲁国举行郊祭，按惯例，祭祀后的祭品都要分发给大夫阶层以上的贵族们分食，这次祭品却没有分给孔子。这表明鲁国的实际掌权集团季氏家族不想再任用他了。

在不得已的情况下，孔子不得不再度离开鲁国，到其他诸侯国去寻找出路。这一年，孔子五十五岁。

从此，他踏上了周游列国的旅程。

孔子很讲究饮食品质吗

孔子为什么说："君子食无求饱"

在孔子五十五岁这一年，他带着弟子们开始周游列国的游历生活。与其说是周游，倒不如说是一路逃难。

在这样的背景下，被后代标榜为圣人的孔子发表了他著名的理论："君子食无求饱，居无求安。"这句名言和他所倡导的"食不厌精，脍不厌细"的另一套饮食观念形成了鲜明的对比。

对于一个仅要求"食无求饱，居无求安"的孔子来说，又怎么会说出这样精致化的美食理念呢？

这里面存在着怎样的误读？关于这一点，我们将在稍后的文章中专门论述。现在，让我们回到孔子周游列国的历史中，去看看他在这十四年的一路奔逃中，过的究竟是什么样的日子？

孔子短暂的幸福生活

公元前 496 年，孔子带领一众弟子来到了卫国，就是今天河南、河北和山东三省交界的地方。刚来到卫国的时候，卫灵公还比较尊重他，并按照国宾级的标准发给孔子六万斛的俸粟。应该说，刚到卫国时的孔子还是有足够的食粮吃的。

但这样的日子仅仅维持了十个月，卫灵公就不待见他了。因为有人向卫灵公进了谗言，说孔子来卫国不怀好意。卫灵公立马对孔子起了疑心。于是，派人天天监视他。

这样一来，孔子及其门徒在卫国生活不下去了，不得不离开卫国。

有一天，在孔子周游到今天河南睢县地界时，因误会被人围困了五天，饿得发疯。最后趁机逃离睢县，到了蒲地，不成想又碰上卫国贵族公叔氏发动叛乱，再次被围。逃脱后，孔子再次返回卫国，卫灵公听说孔子师徒从蒲地返回，非常高兴，亲自出城迎接。此后，孔子数次离开，又数次折回。之所以会这样，一方面是因为卫灵公对孔子时好时坏；另一方面是因为孔子离开卫国后，没有去处，只好返回卫国。

最后，在卫国，孔子实在待不下去了，就去了宋国。

宋国的司马大臣比较讨厌他，并声称要灭了孔子。孔子非常害怕，化装后才得以逃脱。

孔子的饥饿

公元前 492 年，五十九岁的孔子离开卫国，经曹国、宋国、郑国一路辗转，到达陈国。陈国显然更不待见他，便派一帮正在服劳役的犯人将孔子师徒围困在半道，前不着村，后不靠店的，连熟食都吃不上，一困就是七天。

眼看着所带干粮就要吃完，绝望之下，最后还是依靠子贡找到了楚人，求楚国派兵才解救出孔子，孔子师徒才得以免于一死。孔子"累累如丧家之犬"的感叹正是在这一背景下发出的。

但类似的围困远未结束。

公元前 489 年，孔子与弟子在陈国与蔡国之间流离时，又被陈国人围困。这一次围困，更无半点粮食吃，许多弟子困饿而病。此时的孔子用聊以自慰的方式告诫弟子们："君子食无求饱，居无求安。"其实，在整个游荡列国的过程中，想吃一顿饱饭根本不是一件容易的事。"食无求饱"的自我安慰实乃无奈之举。

公元前 484 年，一路逃难似的周游了十四年，在他的礼仪理论和社会理想屡屡碰壁之后，他和弟子们不得不回到他的出生地：鲁国。

这时候，孔子已经六十八岁了。

十四年的风餐露宿，始终想找到一块田地来布施他的大同理想。

但是，这个时代的各诸侯王国忙着争伐，他的复礼主张显然不合时宜。因此，他虽周游了这么多国家，但没一个国家愿意聆听他的理念。

公元前 480 年，孔子的得意门生子路死于卫国内乱，而且被剁成肉酱了。经过这一系列打击，孔子知道自己时日不多。在绝望与失落中，第二年的四月，孔子在礼法摇曳的春秋纷乱时代中死去。

孔府宴的讽刺意味儿

在孔子死后的 284 年，他突然被汉朝的开国帝王献上大祭之礼。

当牛、羊、猪齐备的太牢之礼敬献于孔子的灵前时，不知清贫了一生的孔子的在天之灵该是一种怎样的心情？

他活着的时候，连一块祭品的小肉都无从分到，死后却享受到如此最高规格的太牢之礼，不知道这又是一种怎样的荒诞。

这一切，才刚刚开始，后世的君主们以刘邦为典范，孔子的圣位被一步步供奉到封建王朝的意识形态之上。也正是在这一背景下，孔府宴开始缓缓上升为一个朝廷的饭局……

孔府宴，王朝的饭局

孔府饭局从祭孔大典而来

在刘邦首开先河后，后世之君对孔子的祭祀规格越来越高大，越来越辉煌，也越来越正式。

大概是受了祖上的影响，经过汉武帝时期董仲舒的"罢黜诸家，独尊儒术"的治国理念的熏陶，到了汉元帝时，大汉王朝经过十位帝王的不断修整，对儒术的渴求已达到一个顶峰，但此时大汉王朝的衰败之象也开始显现。

汉元帝对王朝的走向是有所察觉的，正是基于这种微妙的直觉，他更希望通过"尊儒"的行动来强化江山的稳固，具体的表现形式就是提升孔子后人的地位。

因此，他在位期间，征召孔子第十二世孙孔霸为帝师，并加封为关内侯，号"褒成君"，赐食邑八百户，以国家税收的形制征收税贡，用以按时祭祀孔子。

这是加封孔子后人为侯，用以奉祀孔子的开端。

从某种意义上说，此时的孔家，已经不再是传统意义上的那个家族，而是已经被贴上了国家标签，成为王朝政治教化的象征。

公元 59 年，即汉明帝永平二年，朝廷宣布不仅仅在孔子的出生地曲阜举行祭祀大典，还要求全国各地在"太学"及郡县的教育机构内也祭祀周公和孔子。

从此，朝廷及各地方政府都在学校中祭孔，祭孔成为全国性的政教活动。由此，"孔子"作为一个全民性的"教化"标签在民间广泛流行。

举行祭祀大礼免不了就要吃饭，朝廷大员远道而来，拿什么来招待他们呢？

这是留给孔府，乃至一个王朝的课题……

孔府宴与衍圣公的关系

真正的孔府宴是和衍圣公这个荣誉称号密不可分的。那么，衍圣公这个光荣称号又是从什么时候开始出现的呢？

公元 1055 年，太常博士祖无择上书宋仁宗说："按前史，孔子后袭封者，在汉、魏曰襃成、襃尊、宗圣，在晋、宋曰奉圣，后魏曰崇圣，北齐曰恭圣，后周、隋并封邹国，唐初曰襃圣，开元中，始追谥孔子为文宣王，又以其后为文宣公。不可以祖谥而加后嗣。"他的意思是说，如果将孔子的谥号加在孔子后代们的身上，太不妥当了，应当纠正。

宋仁宗也觉得把孔子敕封为"文宣公"尚可，但倘若把这么隆重的封号也加封到孔子后代身上，确实有点不合适。于是，一道诏书颁下，曰：

> 孔子之后以爵号褒显，世世不绝，其来远矣。自汉元帝封为褒成君以奉其祀，至汉平帝时封为褒成侯，始追谥孔子为褒成宣尼公。褒成，其国也；宣尼，其谥也；公侯，其爵也。后之孙虽更改不一，而不失其义。
>
> 朕念先帝崇尚儒术，亲祠阙里，而始加至圣之号，务极尊显之意。肆朕纂临，继奉先志，尊儒重道，不敢失坠，而正其后裔嗣爵之号不其重欤！宜改至圣文宣王四十六代孙孔宗愿为衍圣公。①

宋仁宗的意思是说，祖上都那么尊儒重道，我也不好意思不尊重，给孔子一个尊号可以，但如果把这个尊号也赐给孔子的后代，就显得有点重了，就改称他们为"衍圣公"吧。

从此，孔家后裔便成为衍圣公。王朝虽不断变迁，这一封号

---

① 《宋史·礼志·宾礼四》。

却成为各朝各代的标配。以至于袁世凯登基做皇帝时，也想按照古制予以加封，似乎只有加封了孔家，他这个皇位才具有合法性。

"衍圣公"的这个封号，官职品级虽不高，其内涵却相当丰富。与以往的襃成、襃尊、宗圣、奉圣、崇圣、恭圣、襃圣等封号相比，"衍"寓意"圣裔持续衍展、世代繁衍无止境"，代表了封建帝王尊孔崇圣的最高规格，也代表着一代代帝王朝廷对王朝无限繁衍的美好期望。

这就是衍圣公称号的由来。在此后八百多年的历史中，孔家都世袭"衍圣公"这一称号，接受历代王朝的供奉。

孔府宴正是"衍圣公"府邸接待、宴请朝廷官员时的宴席。

孔府宴的成熟期

历经岁月的加持和积淀，应该说，真正的孔府宴是从大清帝国开始成熟的。由于孔府的特殊象征，有时皇帝来曲阜祭孔，有时派王公大臣前来，接待这些高级官员的宴席规格各有不同。

在众多的接待宴席中，最高规格的显然是大清时期的满汉全席。这个酒席是专门用于招待皇帝和钦差大臣的。

这个孔府宴中的一等席宴，光餐具就有四百多件。大部分都是寓意深厚的象形餐具，有些餐具的名就是菜名。每件餐具分为上中下三层，上层为盖，中层放菜，下层放热水。

满汉全席宴要上菜 196 道，全是名菜佳肴，如全羊烧烤、驼蹄、熊掌、猴头、燕窝、鱼翅等。另外，还有全盒、火锅、汤壶等。一桌宴席，十个人吃，最少需吃上四天，才能将 196 道菜的流程吃完。

在满汉全席宴之下，又衍生出名目不同的宴席，如寿宴，孔府专门备有册簿，记载衍圣公及夫人、公子、小姐及至亲等主要人员的生辰，届时要设宴庆祝，如此周而复始，形成了寿宴席制；而后又有衍圣公和公子的婚礼及小姐出嫁时所设的花宴；又有为孔府内遇有受封、袭封、得子等喜庆之事而设立的喜庆宴和家常宴等。

此时的孔府宴已经上升为王朝饭局的象征，早就和"累累如丧家之犬"的孔子没有任何关系了……

历史的味觉

孔子饮食思想中的冲突与矛盾

君子食无求饱

孔子之所以被后世以讹传讹地说成个超级吃货，主要是因为他在《论语》里说了几句关于吃饭的话。他那句"食不厌精，脍不厌细"，更被以讹传讹地说成了天下第一官府宴——孔府宴的最高美食纲领，还成为后来精致主义美食者们的理论指导和行动指南。

但是，无论从孔子的日常饮食生活和他在世时所享受到的实际富贵程度，以及他毕生所追求的复礼理想，基本都和吃沾不上边儿。

无论是他本人所倡导的"君子食无求饱"理论，还是孟子的"君子远庖厨"主张，作为儒家的主导思想，都主张作为一个君子，不应该在吃饭这一事情上花太多心思。

尽管孔子在《礼记》里也说过"饮食男女，人之大欲存焉"，《孟子》里也提到过"食色，性也"这种看似庸俗的话，但这些理论显然和儒家的核心思想充满了矛盾。

那么，孔子到底是怎么被误读为超级美食家的呢？他关于美食的这些"论调"的实际指向究竟是什么？

我们得从头说起。

孔子的美食观点为什么收集在《乡党》中

基本上，孔子所有被后世吃货们拿来做标签的美食主张都在《论语》的第十章里，诸如"食不厌精，脍不厌细"，"割不正，不食"及"不时不食"等只言片语。

这一章的核心主题叫作《乡党》，他说的这些关于美食的言语为什么不单独编辑成饮食篇，却统一归集在《乡党》中？"乡党"指的又是什么呢？

所谓乡党，泛指乡里，家乡。按照周朝的旧制，一万二千五百家为乡，五百家为党。古时的乡党是中国乡绅文化的发源场。没有乡党，就没有中国源远流长的乡绅文化。古时的乡党，是个教化民风、培养人才、发现人才、举荐人才的基本行政单元，承担着民风塑造的基本义务和重任。

按照周朝旧制，每年乡里要举行大规模的"乡饮酒礼"，乡饮酒礼的主要目的是向国家推荐贤者。届时，由乡大夫做东设宴，招待四方人才。后来演变为地方官设宴招待应举之士，此宴被称之为"乡饮酒"。

作为记述乡人聚会宴饮的礼仪，乡饮酒礼也是《仪礼》的篇名。乡饮酒礼是礼仪教化的基础，正所谓"乡饮酒礼者，所以明长幼之序也"。

后来演化出来的科举考试之"乡试"指的就是这个最基本的考试，考试通过了，就是秀才。

可见，乡党是一个祭天地、行教化、荐人才、明礼仪的国家基本单元。这样，就比较容易理解孔子在这一章中的所有"论调"的内容指向了。

孔子在乡党篇里都说了什么

整个《乡党》，絮絮叨叨，记录的都是孔子的日常工作、吃饭、睡觉、穿衣的流水账及日常的行为规范。

在这一章中，孔子就是希望通过自己的言行，告诉人们的日常应该怎么做，具体就是：

> 孔子于乡党，恂恂如也，似不能言者。
> 其在宗庙、朝廷，便便言，唯谨尔。

朝，与下大夫言，侃侃如也；与上大夫言，訚訚[1]如也。君在，踧踖[2]如也，与与如也。

大意是，在不同场合说话应把握不同的分寸，在气氛严肃的场合说话要庄重谦和（恂恂如也）；在气氛轻松的场合说话要活泼畅快（侃侃如也）；在气氛宁静的场合说话要谨慎（与与如也）；孔子还告诉大家，不要站立门中，不要脚踩门槛（立不中门，行不履阈）；有时要走小步（足缩缩，如有循），有时要走得轻快自如（愉愉如也，翼如也）。

同时，对着装也有明确规定：不讲究豪华，但追求整洁。后世的《弟子规》就有这样表述："冠必正，纽必结，袜与履，俱紧切，置冠服，有定位，勿乱顿，致污秽，衣贵洁，不贵华。"

通俗地说，这一章的全部宗旨就是通过孔子在日常生活中的言行告诫后人日常的礼仪注意事项，而且也是孔子这一生所追求的事业。

在这一语境下，我们再来看孔子关于饮食的言论就会一目了然。他所谓的美食理论其实都是另有所指，而非吃食本身。

---

[1]　訚（yín）：和悦而正直地争辩。

[2]　踧踖（cù jí）：恭敬而不安。

孔子其实是个粗食主义者

在《论语》的其他章节里，孔子也常常谈及他的饮食思想。虽然只是寥寥几句，却是孔子一生思想的精髓和灵魂。

在《学而》篇里，他是这么说的："君子食无求饱，居无求安。"在《里仁》篇里，他是这么说的："士志于道，而耻恶衣恶食者，未足与议也。"

一个上进的青年，要把主要精力用在追求学问之路上，对那些吃饭挑肥拣瘦的，要鄙视他们，不要和他们谈论国家大事。

在《雍也》篇里，他借夸奖颜回时说："贤哉！回也。一箪食，一瓢饮，在陋巷，人不堪其忧，回也不改其乐。贤哉！回也。"

他在众弟子面前夸奖颜回说，你们瞧瞧颜回，吃饭从不讲究，吃一盘子剩饭，喝一瓢子生水，虽然在街头陋巷混，还能自得其乐，真是贤士一个啊！

在《述而》篇里，关于吃饭的论述，最能代表孔子的思想，他说："饭疏食，饮水，曲肱而枕之，乐亦在其中矣！"意思就是，一个有伟大追求的人，吃简朴粗陋的饭食，能有瓢生水喝，睡觉的时候枕着自己的胳膊，就已经是人生最快乐的事情了。

作为一个"克己复礼"者，孔子显然不是个追求奢华饮食的人，他对吃饭不讲究。"君子食无求饱，居无求安""饭疏食饮水，曲肱而枕之，乐亦在其中矣"这样的饮食价值观，才是他的思想灵魂。

总之，孔子所着力弘扬的是"礼法"，并不是什么美食理论。如果非要把"食不厌精，脍不厌细"说成是孔子的美食观，显然不符合孔子的核心思想。更重要的是，孔子的一生，也没有什么条件和机会在吃上讲究。

"不时不食"是个美食伪概念

"食不厌精，脍不厌细"是一种祭祀之礼

在众多礼仪规范中，祭祀之礼是最为庄严肃穆的仪式。

祭祀时，对所有的物品和行为都要恭敬庄重，尤其对祭祀人的行为规范，包括饮食和斋戒在内，都有严格的规定，不然就是对天地诸神和祖先的亵渎。

因此，在这一语境下来看孔子关于饮食的言论就很容易理解了。无论是前文中所说的"食不厌精，脍不厌细"，还是"割不正，不食""不得其酱，不食"，或者如他所说的"肉虽多，不使胜食气""唯酒无量，不及乱"，以及"沽酒市脯不食""不撤姜食，不多食"等众多关于"不食"的美食论述，都是对祭祀人在参加祭祀活动、乡饮酒礼前后的行为要求。

这里讲的主要是饮食礼制的问题，而非美食法则。也就是

说，在祭祀的时候，献给天地祖宗的祭品食物，一定要精而又精，献祭的肉也一定细而又细。

祭祀的食物不能亵渎

在《论语·乡党篇》中，孔子还说过这样一段话："齐[①]，必有明衣，布；齐必变食，居必迁坐。"意思是，斋戒的时候，一定要有整洁的衣服，而且是用布做的。斋戒的时候，一定要改变平时的饮食方式，睡觉也要换个地方，即不能跟妻妾同房。随后，孔子如此强调道："祭于公，不宿肉。祭肉不出三日，出三日，不食之矣。"意思是，参加祭祀典礼，不能把肉留到第二天。祭肉不得留存三天，若是过了三天，就不能再吃了。

古代的士大夫都有陪同君王参加祭祀的义务。天子诸侯的祭礼，要求当天清晨宰杀牲畜，然后举行祭典。

第二天，会接着再祭，称之为"绎祭"。"绎祭"之后，才令各人拿回自己带来的祭品。同时，也会根据贵族的等级将祭品分发给大家。这样，等把祭品发下来的时候，祭品已经两天。按照礼制，祭肉拿回去要吃掉：一方面是食品的新鲜问题，另一方面表达对天子和祭品的尊重。这一点强调的还是礼制。

故此，从这个角度出发，再来分析"不时不食"的观念才更

---

① 齐，同斋。

　　　　　　　　　　　　　历史的味觉

接近事物的本质。

不时不食是个美食伪概念

被众多美食研究者奉为圭臬的孔子的美食理论还有这句："不时不食。"当下的很多美食达人都把这句话理解为不吃非正当时令的食物。这个"时"，被有意无意地理解成了"时令"的"时"。这显然是一种有意制造的误读。

在孔子所处的那个时代，农业种植技术并不发达，还不曾有塑料大棚和温室大棚来栽种打破时令的庄稼和蔬菜。历史上记载的，真正的温室栽培最早出现在汉代。

在汉武帝时期，汉朝的上林苑里曾经种植过一些"不时之物"。当时，汉武帝还曾将南方的荔枝移栽到他的上林苑里。

《汉书·循吏·召信臣传》和桓宽所记的《盐铁论》将这种食物称为"不时之物"。这里提到的"时"，就是时节。

在孔子所处的春秋时代，不要说没有"不时之物"，即使有，也不是孔子这一层边缘官僚所能享受到的。想吃都吃不到，哪里会说出如此酸涩的酸葡萄理论？

因此，这里的"不时"显然不是个美食概念。他想表达的意思是，如果不合时节，不合时辰，这饭显然是不能吃的，吃了就是大不敬、不孝。说到底，它还是一个祭祀之礼的概念。

《吕氏春秋·尽数》里有"食能以时,身必无灾"的句子。意思是说,如果能够按时吃饭,身体就会健康。这时的"时"已经演化成养生观念。因此,无论怎么说,"不时不食"都不是现代人理解的那种美食理论。

当然,顺应四时季节时令的变化来把控饮食也是必要的,只是,这样的理论是道家的饮食观,并非是儒家的饮食观,以礼为宗的孔子更不会说出这种违背儒家思想的美食观。

孔府宴，王朝宴会的道具

礼，起源于饮食

只要读过"三礼"的人都知道，"礼"是中国传统文化的本源。

对于在中国大地上绵延了两千多年的儒家文化，"礼"既是儒家的思想源泉，也是儒家思想的核心和灵魂。

而"礼"，又起源于何处呢？

答案可能有点令人哑然，"礼"，起源于吃饭。儒家经典《礼记》明确指出："夫礼之初，始诸饮食。"

古人云："民以食为天。"要生存必须吃饭，正所谓"食色，性也"，这是人的生存本能需要。

在过去，中国的先民们都是靠天而食的，一切食物皆依赖于天地的赐予，才维持了生命的存活和延续。因此，对天地的祭祀和敬畏要在吃饭这一问题上有所体现。这就是祭祀的起源。

在每年的重要时节，古代的先民们都要举行大规模的祭祀活动，来感恩上苍。相应的，每顿饭之前，都要有特定的仪式来敬献神灵和祖先。

祭祀活动，要有一定的程序规范，因此诞生了礼制；

祭祀活动，要有节奏，因此诞生了音乐；

祭祀的最终目的是吃饭，因此诞生了一系列的饮食制度和长幼顺序。

这一传统习惯，不断丰富，到周朝时，形成了一套完备的制度，编成册子后就叫《周礼》。再后来，经过孔子和儒家的共同修整，编出《礼记》和《仪礼》，与《周礼》合称"三礼"。

因此，在那个时代，吃饭不仅是吃饭，更是一场礼制的教学实践活动，正如孔子在《论语·乡党》中强调的："虽疏食菜羹，瓜祭，必齐如也。"他的意思是，即使吃的是粗茶淡饭，在吃饭之前，也要毕恭毕敬地祭一祭天地祖宗。

寓教于吃的孔子

孔子所处的时代，正是东周中期，此时的诸侯之间，相互争霸，各自为政，烟尘弥漫，谁也不服谁，以至于将周朝的一整套礼制破坏殆尽。

　　　　　　　　　　　　　　历史的味觉

这正是孔子所说的"礼崩乐坏"。

此时的各类有志青年忧虑天下，开始在混乱的诸侯国间行走，都希望能找到一个可以实现自己学说价值的平台，以通过践行自己的思想体系来拯救这个"礼崩乐坏"的世界。

孔子无疑是这众多有志青年中的一个，他的志向就是"克制自己，恢复周礼"。尽管孔子就此事还专门请教过老子，但他的学说显然和老子所倡导的"无为"思想有所不同。出身贵族世家的他，在漫长的周游中，提出了自己的一整套思想体系。

这套体系就是"仁、义、礼"。

他将"仁、义、礼"组成了一个系统。

曰："仁者人（爱人）也，亲亲为大；义者宜也，尊贤为大；亲亲之杀，尊贤之等，礼所生焉。"仁以爱人为核心，义以尊贤为核心。礼则是对仁和义的具体规定。

他在《论语》里一次次地论说吃饭问题，其实是想通过吃饭这一实践活动言传身教地传达他的"礼制"思想。

孔府宴也是朝廷饭局的一个道具

通过一场吃饭来实现布道和教化，不仅是孔子的行动实践，也是一个个王朝的行动实践。

孔府宴和孔府宴背后所蕴含的"礼制"就是在这样的教化实

践中走上了一个个王朝的餐桌。就其本质而言，孔府宴已经不是一场本来意义上的饭局，而是一个个王朝用来传播王道思想的道场和道具。

其实，每一场饭局莫不如是。饭局表面的饭早已不具备饭的意义，饭局背后的目的才是本意。

千百年来，孔府宴和王朝的关系就这样相互利用着。孔府通过这场饭局来获取着王朝的恩典，朝廷通过这场饭局来实现着教化的目的，进而宣扬着王朝的正统权力。

他们既是饭局的主人，也都是饭局的道具。

要说意义的话，这既是孔子对每一个王朝的意义，也是一次次孔府宴对每个朝廷的意义……

第三部分 ——

行走的食物

植物类食物，看上去不像动物那样会频繁地自觉移动，其实不然。为了自身物种的繁殖和传布，它们也都长着可以飞行的"翅膀"，并能借助风力将子孙后代传遍四方。就像蒲公英一样，它们的种子都长着一个类似飞碟的结构，当风吹来，就能随风而飞，将种子带往"异国他乡"。

　　其实，大多数的种子都有这种飞翔的功能。即使不会飞的，也能像浮萍一样，浮在流动的水上，随着水流传播。

　　因此，即使一块新平整的土地，看似干净，但时间一长，就能长出各种各样的物种，从而丰富着一个区域的植被和食物类别。

　　人类进入农牧文明时代，为了更有效、更有保障地获取食物来源，不同区域的人群通过人为的因素有意识地相互交流种子和配种。人口的移动和交流使食物的传播进程大大加快，从某种程度上说，几乎全面改变了一个地方种群的食物结构。

动荡的中国食物

再也没有比一盘盘菜更能客观地记录和反映一个区域生民们的习性和文化的事物了。一道道菜品，在朴素的日间生活中，默默地记录和传承着一代代文明变迁的密码。小如一把盐的使用，透过它，我们也可以清晰地阅读到不同区域不同民族的生活形态和饮食趣味。

历史虽然充满迷雾，但总会在不经意间留下痕迹。就像大雁飞过天空，总会不经意地飘下羽毛……

多灾多难的土地

中国并不是一个自然食物资源丰富的国家，虽然这片土地幅员辽阔，海拔高度落差大，使食物的多样性非常丰富，但大多的泥土却先天性地不能给农作物提供茂盛而繁荣的生长动力，从而也不能给中国的生民们提供源源不断的食物。

中国大地更多的是丘陵、戈壁、高山、荒漠和盐碱地，它们不但不生长粮食，反倒对粮食构成伤害。同时，自然界给生民们提供的食物资源也有限，跟不上中国庞大的生民们快速繁衍的速度。

中国土地荒漠多，风沙也多。风沙不但侵占良田，还对农作物形成致命伤害。由于内陆腹地纵深，大多土地干旱，易形成旱灾，旱灾发生时，就连蝗虫也与生民们抢夺庄稼和粮食。

至关重要的河流，被誉为母亲河的黄河，从中下游开始，还是一条灾难之河。历史上多次的黄河改道给中国生民们的食物生态和日常生活带来近乎毁灭性的破坏。

种种不利的自然条件，使中国生民们的生存无时无刻不陷于动荡中。因此，旧时的大多数生民很多时候在生存线下挣扎苟活，很难真正享受着衣食无忧的富足生活。

这直接决定着中国生民获取食物的方式和饮食方式及储藏食物的方式充满着与其他文明不一样的中国特色。

动荡的农耕饮食文明

动荡的自然和自然食物的匮乏逼迫着先民们不得不选择驯化野生植物和野生动物，以充实口粮。这是农耕种植和圈养的发端，也是中国选择农耕文明的必然，也是所有古老农业饮食文明的开端。

农耕需要劳力，这是中国农耕文明之所以祈求多子多福的传统基因。

但是，劳力越多，需要食物越多，因此，就需要更多的土地来种植和养殖。于是，古代的生民们就开始在这片土地上进行无休无止的恶性循环。

中国先民自从被动选了农耕，就意味着中国人要在食物的生存线上不断演绎着无法摆脱的生存宿命。

农耕，需要土地，有了土地，才能有食物的保障，人口才能延续生存和发展。因此，中国历来把土地看作社稷，历代帝王每年的头等大事就是要亲耕。

农耕，不仅要面临来自自然灾害的侵袭，还要面对战争的掠夺。故此，历代的战争，很多时候，是针对食物的战争。

在梳理中国食物史的过程中，我们发现一个特别有意思的现象：谁先安居下来进入农耕文明，谁就会被另一个文明所攻伐和抢夺。

中国王朝的变革，尤其是和边境游牧文明有关的朝代变迁，更清晰地印证着这一点。

中国生民的饮食生活在这一背景下全面展开……

王朝的口味

对于传统的王朝来说，土地和谷子，就是国家，就是社稷。有了土地和粮食，就有了江山。

为了争夺土地、粮食与牛羊这些最基本的生活必需品，历代王朝从来没有停止过争夺与杀伐。用一个形象的比喻，中国的王朝江山就像是在沙滩上玩沙雕，费了半天劲，弄了个王朝城邦，玩着玩着，吃不饱，便不满意。于是，又建了一个差不多的，玩着玩着，还是吃不饱，还是不满意，便又推倒重来，反反复复，就像撒娇的小孩子摆弄塑料积木玩具一样。

但是，建来建去，生民们的食物从来也没够吃过。而广大的生民不管是被迫还是自愿，都被限定在井制的田地里，伴随着劳碌的牛马，艰苦地践行着小农经济的梦想。

这个梦，就是糊口，就是吃饱饭。

但是，在传统的王朝背景下，这个梦，始终无法实现。为什么？

中原是个大馒头

传统王朝的江山社稷基本上是在中原的泥土上建立的。选择在这片土地上建立王朝，是有原因的。

中原，属于黄土地带，土地松软而肥沃，在工具还不发达的年代，这片土地最适合开垦和耕种，进而完成小农经济的重任以养育更多的人口。其实，即使农具发达，包括现代化劳动工具普及的当下，这片土地也依然还延续着小农经济伟大而光荣的传统。

广袤的黄河中下游平原，由于气候的原因，没有大面积的天然植被。即使有，也被广泛开垦用来播种粮食。在汉代以前，这片土地最适合黍、稷、麦、菽、麻五谷的生长。而在古代，它们是中国生民们赖以存活的主要口粮地，是农业文明的核心。

俯瞰之下，中原汉王朝的江山就像个用黄土做成的馒头。馒头的西北两边，是农牧分界线。界线的里端，是农耕文明；界线的外端，是各游牧民族。他们大多以牛羊肉食为主，粮食匮乏，需要时，要么交换，要么去抢。

而南部的分界线外，在早期的文明属性定位中，按照《史记·货殖列传》中司马迁的说法，就是"江南卑湿，丈夫早夭"。

人去了那里都活不下去，哪里谈得上种植粮食？自然条件恶劣，山路艰险，却为后来汉民族文明的南迁奔逃及饮食的全国性普及和融合留下了一条幸运的逃生之路。不然，中华饮食文明会全新改写。

说来说去，在早期以天为食的农耕文明下，这一块地能产出足够多的粮食，故而弥足珍贵。也正是由于这一点，注定它这片土地始终要经受不可避免的争夺和杀戮。

中华民族复杂的饮食体系也由此而生。

秦汉之前，在西北方向的游牧民族没有大规模入侵之时，汉族内部为了土地和吃食，也从来没有停止过争夺。

在夏朝之前，大家过着共享式的大同生活。可是，大禹之后，这个传统模式就被破坏了。不管他是有意还是无意，总之，夏启从他的父亲大禹手中承继过来王朝江山的权柄后，中国的朝代权力传承便开启了父子嫡传模式。与此同时，有限的粮食逐渐"流通"到权贵阶层的餐桌上。

由于"大禹们"打破了上古时代建立起来的全民共享制，食物分配体系从此失衡。故此，当粮食被集中流入到宗主贵族的那一刻起，粮食在广大的民间自然会越来越少。

社会的财富和粮食看似丰盛，但那都是以压榨农民的口粮而瞬间集中形成的虚幻假象，究其实质，中国农耕文明时代的人均粮食并没有得到实质性增加。

富贵阶层的粮食越多，就意味着生民的口粮越少，同室操戈的事件就要屡屡上演，以至于写满各个朝代的书简。

商朝的饮食已经非常富裕发达，有酒有肉，还有肉酱吃，做饭都用大鼎，整只羊整只羊地煮。纣王舒服得要死，还弄了"酒池肉林"，太奢侈了。在姜子牙的帮助下，周王室把商纣王灭了。

这正应了大禹的那句："后世必有以酒亡其国者"。

周王朝后期，各诸侯国，生杀抢夺，从未停止。最后只剩下七个国。后来，其中六国被秦王嬴政一一兼并收归大秦所有。

嬴政统一六国后，他太喜欢土地和粮食了，每天都向往着乘着豪华马车巡视万里江山。车同轨、字同体，就连货币也统一了起来。就是在这种背景下，七国的饮食逐渐向中心靠拢，并逐渐形成了大一统的汉文化饮食圈。

异域的味道

短暂的大秦帝国还没来得及品尝完各地的风味，就被另一个王朝取代——它就是汉朝。自此，汉家口味成为一个独立的饮食体系，并开始与外界融合。

说到与外界的融合，不能不提到张骞。

公元前 126 年，经历了九死一生后，出使西域十三年的张骞衣衫褴褛地回到长安，大汉王朝与西域的通道从此打通，这就是被后人称为"丝绸之路"的陆上通道。

尽管汉武帝和他的王朝打通西域的最初目的不是交换种子和食物，但从某种意义上说，这条名为"丝绸之路"的通道在输送"丝绸"的同时，也促进了食物的频繁交往。

　　按照史料记载，张骞第一次带回来的作物主要有两种：一种是苜蓿，另一种是大名鼎鼎的葡萄。

　　张骞从西域带回苜蓿，主要是为了给战马作饲料。当时，他出使西域的主要目的之一，就是去寻找传说中的汗血宝马。虽然马没能带回来，却把马的饲料带回了汉朝。因为据他的观察，马吃这样的饲料后跑得更快。苜蓿不仅是马的饲料，引种到中国后，它的嫩苗也可以供人食用。

　　至于葡萄，在此之前，中原土地上也长有野生葡萄，只不过这种葡萄属于山葡萄，是酿酒用的好材料，直接食用，却不适宜。张骞从西域带回来的是可以直接食用的大葡萄。

　　据《史记·大宛列传》所述，当时，张骞看到"宛左右以蒲陶为酒，富人藏酒至万余石，久者数十岁不败……"于是，便将葡萄带了回来。

　　葡萄传入中土后，直接引发了一场文学革命，以"葡萄"为题的诗歌飘满整个汉家文坛，最为著名的就是《凉州词》："葡萄美酒夜光杯，欲饮琵琶马上催。"

　　自此以后，在长达一千五百多年的丝绸之路交流史上，来自西亚的各类食物通过"撒马尔罕"这个神秘的中亚之城，跨越万里黄沙，源源不断地向中土传播着各类作物的种子。唐宋时，来自西亚的各类食物一度形成潮流，丰富了中国人的餐桌和口味。

今天，凡是那些带"胡"字的庄稼和食物，几乎都是通过这条道路被移栽到中国来的。当然，以"茶"为代表的"中国食物"也沿着同样的道路向西域源源不断地提供着生活的口味。

乱炖的饮食文明

秦汉之后，"馒头"周边的"胡人"不断崛起，并从此拉开了近两千年"蛮夷之族"不断越过"农牧文明分界线"抢占中原"馒头"的战争。其实，在此之前，他们就一直对中原艳羡不已，周平王之所以被动地把都城迁到洛阳，也正是因为被戎狄骚扰得心神不宁。

综合地说，历史上，除了惊扰不断的边关纷争，大规模的游牧民族抢占"馒头"标志性地事件主要有四次。

第一次是西晋末年的"五胡乱华"。

北边众多游牧民族，以匈奴、鲜卑、羯、羌、氐为主体的"五胡联盟"趁西晋"八王之乱"全面向中原的农业文明开进，先后建立了多个少数民族政权，直接导致中原沦陷。随后，鲜卑拓跋氏建立的北魏政权，统一了北方大地。

鲜卑拓跋氏立国之后，不断向南迁都，从现在的内蒙古草原出发，先是定都大同。公元493年，以北魏孝文帝拓跋宏迁都洛阳为节点，标志着游牧民族第一次在中原的农业文明上建立了国家。同时，也标志着游牧民族的文明卸下马鞍，进入中原式的农业文明生活模式。

关于北魏的内部政治，我们没有必要进行过多叙述，但在北魏时期，却有一本对华夏农业和饮食文明影响极其深远的书籍。它就是《齐民要术》，在北魏时期由贾思勰写作而成。通过这本书的记载，我们可以清晰地了解到当时生民们的种植、养殖、酿造等饮食生活之术。

此后，游牧民族对中原农业文明的攻伐抢夺再也没有消停过……

第二次是北宋的灭亡。

北宋时期，辽、西夏、金、蒙古北方游牧型"四国"先后对中原农业下的华美食粮进行掠夺。

最著名的是以"靖康之难"为标志的北宋灭亡事件。金完颜氏先灭辽，接着又占领长江以北的中原河山，一代才情皇帝宋徽宗连同他的妻儿家眷美人三千余人被押解到今天的黑龙江寒冷地带。

金控制了中原的半壁江山后，1214年，在金宣宗的主持下，金朝把首都迁移到了今天的河南开封。随后，金朝几乎以同样的命运败在了另一个新崛起的游牧民族——蒙古族之手。

金人对中原的占领，究其深入程度来说，在历史上应该排在第二位。

第三次，就是蒙古对中原的全面占领。

如果说，金朝只切掉了中原的半个"馒头"的话，以"崖山之败"，十万将士跳海为标志，蒙古把整个中原全部征服占领。

元朝虽然占领了更广大的土地，但是，他们太不适应农业文明的政治经济模式了。以至于在占领了中原的江山后，忽必烈和他的谋士们曾一度想把长城以南的土地都变成牧场。他认为，这样一来他的战马和羊群就可以在广袤的土地上任意驰骋了。幸亏这个神奇的想法被汉族的大臣建议取消了，不然，我们现在吃到的食物可就没有这么丰富了。

由于蒙古王朝的粗犷，所以，不到百年就又被回光返照的农业文明给打回去了。

元王朝期间，也有一本在中华饮食文明史上占据着重要位置的饮食书籍，叫《饮膳正要》。这本的作者是典型的蒙古人。他的名字叫：忽思慧。

第四次，是大清统一全国。

大清早早地就意识到了汉文化农业文明的重要性。因此，在顺治皇帝的推动下，很好地完成了游牧文明和农业文明的交互融合。

因此，也产生了像满汉全席这样的又一次饮食高峰。

怅然回顾，你会发现一个历史的玄机：哪个王朝一旦占据中原，进入农业文明的小农经济模式，随着剽悍的转弱，他们的江山会被另一个剽悍的游牧文明所灭。

　　王朝的更迭带来的人口杀戮、迁移、逃难及融合又直接影响着中国生民们饮食方式的交互变革，从而造就了纷繁复杂的中华饮食谱系。

游牧文明对中原饮食的影响

胡人对中原农业文明的征服，从民族的角度来说，是一场灾难，但若从文明融合发展的角度来说，尤其是对于饮食文明的融合来说，却是一场不幸中的幸运。

有时，历史的灾难和幸运无法用正确和错误来评说。

文明从西向东的流转

在研究美食流变的时候，我们发现这样一个现象：千百年来，在"胡人"冷兵器草原文明和马上游牧文明的不断侵扰下，中华文明的中心流变线路一直呈现两个特征：一是从西向东逐步退缩；二是从北向南逐渐退守。

中原文明从西向东的逐步退缩，就像河水从西向东的自然流动，从西北高地不断向东缓缓冲刷。秦汉之前，中原文明的高地是以长安为主，周代文明、秦汉文明、大唐文明皆以长安为中心点。

"五胡乱华"之后，中原的农业文明中心开始逐渐向东节节败退和转移，到鲜卑人拓跋氏在洛阳建都，长安下的文明繁华成为历史的背影。虽然大唐的江山在长安也塑造了冠绝古今的大唐风华，但大唐的饮食文明早已不是昔日西周王朝的小米文明了。得益于隋朝大运河的开发和灌溉技术的发达，大唐的风华其实建立在中原的小麦文明和南方的水稻文明的供养之下。

但是，从江南到长安，一路的运输辗转，食物的运输成本过于高昂，越来越难以支撑大唐的奢华。因此，文明从长安向中原过渡，只是时间问题。在此基础上，大唐的衰落也成为必然。

因此，大唐之后，后来的王朝都城文明再也没能在长安重现。敦煌文明、玉门关外的大漠孤烟，羌笛杨柳等，那些标志性的汉唐繁华都成为历史深处的一声叹息和怀恋。

就像秦始皇的陵寝一样，苍茫地伫立在骊山之下，难以解读。

文明从北向南的辗转

与西北向东流动相呼应的是中原农业文明向南的节节败退。在以契丹族、女真族、蒙古族等为主体的马上游牧民族的不断打击下，北方的冷兵器寒光像北方凛冽的冷空气一样呼啸南下，中原农业文明就此不断向南退缩。

北宋时，中原文化与大辽还能在黄河以北的地带进行战略对话。即使签订了议和的澶渊之盟，北宋控制区域依然可以延伸到黄河的北岸。到了金朝，金中宗直接把首都搬到了河南开封，致使以开封为中心的汉家文明就此退出汴梁。

岳飞即使勇冠三军，岳家军驰骋的所谓北方沙场也只是在开封以南的朱仙镇展开，那已经是中原腹地，和传统上的北方已经不挨边了。岳飞死后，南宋的有效区域早已退缩到了长江以南，长江以北全部被草原民族文明覆盖。

到了蒙古横扫天下的时候，更凛冽的刀法直接把南宋的文明摧毁，全面开启蒙古草原治理模式。

依靠朱棣的英明神武，大明江山重新在元大都的旧址燕京建立。但是，像回光返照的命运一样，北方最终又被一个更加强大的北方游牧文明彻底占领，直至大清帝国的消亡。

至于现代文明体系下的国家饮食文明变迁，我们另文再述。总之，在旧王朝体系下的文明变动一直延续着这么一个规律：

农耕下的文明总被杀伤和击溃，风吹雨打随水去。

北方游牧文明下的饮食体系融合

朝代文明的变迁流动也主导着饮食文明的变化和流动。

秦汉之前，中原的饮食基本上比较固定，自黄帝以下，包括八百年周王朝、春秋战国时代，饮食结构相对单一。先民们尊崇"五"的饮食模式，大致延续着《黄帝内经·素问》篇所构建的"五谷为养、五果为助、五畜为益、五菜为充"的饮食架构。这些食物鲜明地透视出典型的农耕文明特征。汉武帝之后，以张骞的西域凿空之旅为标志性分界线，中原的饮食结构发生了革命性变化。

　　据《事物纪原》《博物志》等各种史料记载，汉使张骞之后，从西域诸国引来的食物有百种之多，包括：葡萄、石榴、芝麻、胡桃、西瓜、黄瓜、甜瓜、菠菜、胡萝卜、茴香、芹菜、胡豆、扁豆、苜蓿、芫荽、大蒜、大葱等。还有大量的香料和调味品。几乎一夜之间，中原的烹饪方式和饮食结构进入了一个新的历史时期。

　　到了北魏，成书于这个时期的《齐民要术》清晰地记录了这种饮食交互的痕迹。

中原饮食文明的南迁

伴随着朝代更迭，民族间的杀伐及历史的动荡，中国的生民大军从来没有停止过迁移和流动。在他们因战争灾难或背井离乡，或寻求安宁地远离故土迁往另一个陌生的环境时，他们也把故土的生活方式、口味习惯和烹调方式带往异乡。

同时，他们的生活习惯和烹制食物的方式又因当地的环境，或主动或被动地发生着改变，与当地的食材和烹饪方式相互借鉴渗透融合，从而创制出了新的食物样式。

正是历史上中国广大生民的悲壮性流动创制出了中国灿烂的饮食文明。因此，每一道菜品都不是孤立的，在每一道飘香的食物背后，都隐含着历史的滚滚烟尘，并隐藏着中华文明的密码。吃下它，品味每一道菜品的辗转命运，我们不由得像凭吊先人的零落飘萍一样感到万分的心疼和幸运。

那么，在历史的狼烟中，古代的生民们又进行了怎样的迁徙和流动呢？

王朝的动荡主导着饮食文明逃逸的方向

　　人口的迁徙和朝代的动荡紧密相连。如果说朝代是一件华美的衣衫，生民们就是这衣衫上的尘，随朝代的动荡而动荡，在动荡迁徙中，有的尘会被抖落；有的尘却会随着衣衫的泛黄而陈旧，并随衣衫最终的消散而消散。

　　这些人口的流动给中国饮食的融合交流与发展带来了革命性变革。直到今天，从那一盘盘保留下来的菜品里，我们似乎还能闻到当年流民迁徙时的滚滚狼烟和慷慨悲歌。

　　在中华的人口流动史上，汉人南迁是一场最惨痛、最悲壮的民徙图景。第一次晋人南迁的人口主要以河洛之地的汉人为主，他们经南阳，沿汉江漂流，过今天的安徽、江西，最后逐渐在如今的赣南、闽西、粤北的梅州、惠州等地落地定居。这就是"客家人"的由来。他们是历史动荡之下造就的一个独特的汉文明群体。

　　其时，经过秦汉的统一与大治，加之与西域的沟通和经贸往来，汉人的饮食文明和饮食形态在"大汉气象"的背景下已经广泛成形。随着生民们的南迁，他们把这种饮食文明也带到岭南，与当地的"岭南文化"和食材融合发展，从而形成了独具特色的

"客家菜"文化。而"客家菜"也成为研究大汉文明最可倚重的历史遗存之一。

唐人的南迁与长安饮食的散乱

历史并未因此而停止动荡，随后的一千六百余年间，又因为王朝的更迭而发生过多次生民逃难。

"安史之乱"造成的"大唐子民"迁征也相当悲壮，上到王侯将相，下至平民百姓，无不流离失所。

在记录离乱之苦之余，杜甫也写下了很多关于南方的饮食记忆。不幸的是，就是因为这次动荡造成的后遗症，使他贫病交加，最终客死在从长沙漂向衡阳的扁舟上。

他"安得广厦千万间"的梦想伴着他的饥饿，在"衡阳雁去无留意"的诗句里就此飘散。关于杜甫与美食的悲欢，我们另文凭吊。

从此，杜甫诗中记载的那些豪爽奔放的长安酒歌和华丽的美食在朝代的式微中慢慢散乱。长安，一个王朝的饮食繁华逐渐变成一个历史的背景，此后，再也没有复苏。

白居易笔下的"绿蚁新醅酒，红泥小火炉。晚来天欲雪，能饮一杯无"的闲雅酒趣，也成为大唐王朝风华的绝响。

宋朝文明的重心南移与杭帮菜的发端

第三次大迁徙是北宋灭亡造成的南迁流民大军。

在金朝大军冷兵器的寒光下，东京汴梁沦陷，以开封商丘为主体的宋朝子民重复先民们的南迁之路。

幸存而幸运的赵构，因为不在汴京而躲过了一场劫难，也让宋朝的遗脉文明躲过了一场劫难。冥冥之中，宋朝的汉文明的重心向南位移。

赵构先是在河南的商丘建立南宋，随后跨过长江，定都杭州。

在杭州西湖的山色里，走在苏东坡当年建造的苏堤之上，吃着鲜香的东坡肉，他无比怀念少年记忆里的东京繁华。于是，他渴望当年的东京繁华能够在杭州重现，即使是暂时的。

根据史料记载，当年东京汴梁的商户随南宋迁居杭州的多达十万家之多。在他和一派大臣的努力下，杭州的繁华与东京相比，有过之而无不及。汴京的大多酒楼也随之而来，在新都杭州重张"酒旗之风"，一派梦梁得以重现。于是乎，北宋的遗民们也和朝廷一样"暖风熏得游人醉，直把杭州作汴州"。

南宋江山偏安杭州，无形中应该是一次汉文明重要的南移。赵构在客观上完成了一次重大的文明搬迁。就像隋炀帝杨广一样，尽管性情暴戾，却通过一场浩浩荡荡的运河开掘，让文明，尤其是饮食文明得到了融合发展，开创了扬州的繁华。

北宋的简约哲学、烹饪大法和南朝的山水食材相遇后，神奇地完成了一次伟大的革命，它就是"杭帮菜"的发端。

直到今天，杭州还保留着"吃面"的传统。就像《射雕英雄传》里丐帮帮主洪七公去南宋皇宫偷食一样，他偷的其实不是菜，而是对"北宋"的怀想和记忆。

再度的逃逸和饮食文明的辐射

在摇摇晃晃中，南宋的江山偏安了一百多年，灭亡于蒙古大军的铁蹄之下。

宋朝虽然灭亡，中原文明却在一盘盘菜里被艰难苟活的中原生民所延续。这也正是中华饮食文明发达的原因之一。

满清入关和太平天国运动等历史动荡又造成了客家人的再度逃逸。客家人，作为大汉民族最坚韧的遗存，第四次和第五次的大型迁移皆是以客家人为中心，向外辐射。

我们不知道该怎样叙述这一场客家人的逃逸，但不管如何，总归是他们，使汉唐宋的农业文明和士人文明实现了二次传播。

以客家人为中心，一支走向台湾岛和海外；另一支走向四川的巴蜀之地。

值得重点叙述的是"湖广填四川"。

明末清初，张献忠进入四川。据相关资料记载，张献忠入川后，巴蜀之地的人口仅剩 5 万余人。

正是在这一背景下，乾隆皇帝以每人八两银子为诱惑，号召、组织大规模的"湖广填四川"运动。其中，大多数迁移的都是客家人。

客家文明进入四川，中原文明又与"巴蜀文明"相遇。经过南迁变化的菜式与当地多生态环境的食材发生碰撞后，加上辣椒的传入，川菜的饮食文明高峰之旅从此开启。

历史，像食物一样不可言说

回过头来，虽然中原人的南迁是悲壮的逃生之旅，却无形中使中原先进的农业、饮食文明和酿造文明得以坚韧地保留、传播和多维度辐射开来。

中原文明，随人口的迁移，像天女散花般向四周扩散。为了延续，在饥饿和动乱的历史幕布上，他们耕作，觅食，同时还留下了一个又一个美食传说……

中原饮食中的胡食身影

大唐时期的"胡"食饮食盛况

民族间的食物文明融合在大唐时期启动了又一次的高峰碰撞。

经过北魏的中原进驻，民间的食物融合渐成习惯，催动了大唐时期的饮食高峰如期而至。

当时的长安留居着大批西域各国的商人，有时达数千之多。一时间，长安及洛阳等地，人们的衣食住行都崇尚西域之风。唐朝著名诗人元稹在他的《和李校书新题乐府十二首》一诗中记录了这一盛况：

自从胡骑起烟尘，

毛毳腥膻满咸洛。

女为胡妇学胡妆，
伎进胡音务胡乐。

与此同时，长安街头也开设了大量的"胡人"餐馆，唐人统称为"酒家胡"。"酒家胡"西域酒店不仅可以赊账，店主还从西域引进大批的美女服务员。引得大批文人骚客争相前往，一时风光无两。

这批骚客中自然少不了李白。他在《前有一樽酒行》中写道：

胡姬貌如花，
当垆笑春风。
笑春风，舞罗衣。
君今不醉将安归！

胡姬不仅侍酒，还会跳舞，难怪风雅之士络绎不绝，流连忘返。快活之下，李白写了一大批这方面的诗篇，其中最著名的是那首《少年行》。

五陵少年金市东，
银鞍白马度春风。

落花踏尽游何处，

笑入胡姬酒肆中。

长安街头饮食商业之发达，由此可见一斑。

宋元之后的"胡食"流变

北宋的东京汴梁就不用说了，当时的东京尽管使黄土地文明的中轴线向东退缩了一千余里，但东京的"清明上河园"依然延续了长安的繁华景象，西域"胡人"的驼队走在汴河码头的繁华中，又将西域的饮食文明带到了大宋的江山画卷中。

而到了元代，宫廷御医忽思慧在他的《饮膳正要》一书中，更为翔实地记录了"汉胡"间的美食融合，是继《黄帝内经》和《千金方》之后的又一本真正集饮食文明、食疗文明为一体的综合食单。

别的暂且不论，试举一例：以奶酪、马奶、手抓羊肉为代表的草原饮食文化已被全面融入中华饮食文明的长河之中。

在此之中，最为突出的代表是元代将蒸馏白酒引入到餐桌上。

在此之前，中原文明的酒都是"曲酒"（方言），是稻谷发酵加曲酿制而成，就是所谓的"曲酒法"。到了元代之后，温柔的曲酒和米酒已经无法抵御凛冽的寒风，粗犷的大漠风尚需要强度更硬更浓烈的白酒来满足人们的需要。

于是，不断提纯，增加酒度，蒸馏白酒就此覆盖中华大地，直到今天，还在灼烧着我们娇弱的农耕之胃。

到了大清帝国，在漫漫几千年的东西杂糅、南北融合的大背景下，大清开创了"满汉全席"这一饮食的巅峰。

逃逸的大宋饮食文明

一千年后，在春雨霏霏的杭州，行走在湿漉漉的西湖岸边，那烟雨朦胧的西湖水气总是让人恍恍惚惚地觉得它们就像是北宋的眼泪。

在今天隋唐大运河南端东运河码头艮山门的水边，曾经连通南北文明的漕运码头早已停航，但是从那哗哗流动的水声里，似乎仍然可以依稀感知到当年北宋东京汴河的繁华和清明上河园飘来的美味芳香。

这条水系，就像一条血脉，连接和运输着北宋到南宋的美食气息。它缓缓流淌的姿势，仿佛一曲伤感的歌谣，讲述着一个王朝辗转流离的美食文明。

败落的东京繁华

从来没有一个王朝的灭亡像宋朝这样充满悲情和惨烈。

1127 年，走过了一百六十七年柔软历程的北宋王朝倒在了金兵寒光闪闪的刀光下，已经退休的宋徽宗和刚刚上任的宋钦宗连同他们的妻妾子女等共计三千余人，被掠向北方，史称"靖康之难"。

伴随着金兵在东京开封的烧杀，标志着一个文明繁华的"清明上河园"连同它迷人的美食就此全面消散败落。

临安杭州

当金兵在开封城内烧杀他的故国的时候，宋徽宗的第九个儿子赵构正在加紧向南方奔逃。经过几年颠沛流离后，终于在 1131 年，将他一路奔逃难以喘息的灵魂临时安放在了"临安"。临安，就是今天的杭州。他建立的王朝史称"南宋"。

尽管一路奔逃的姿势相当狼狈，但是，新任的南宋皇帝赵构和他的臣民在情感和面子上始终不愿意接受这一悲催的现实。因此，在迁往杭州的前几年，他们在内心深处并不认为此地就是他们最终的家园城邦。

因此，他们不把杭州唤作"都城"，而是唤作"行在"和"临安"。意思就是，巡游路上的"行宫"。行宫只是临时休息的房子和床铺，并不是最终的家园，他们早晚还是要回到那个寄托着他们家国之思，有着繁华美食的东京——开封。

宋人南渡

随着南宋王朝的遗脉在杭州安营，不愿遭受金兵凌辱的宋人开始纷纷大举南迁，寻找他们精神和文化上的家园，史称"宋人南渡"。

据有关资料记载，在短短的几十年间，包括精英士族和商户酒楼在内的宋人迁往杭州的大约有百万人之多。《中国人口史》的记录也表明，在北宋最高峰时期，杭州的人口也就20余万人，而到了南宋淳佑年间，临时都城杭州的人口已经达到130多万。

在某种程度上说，杭州，就是搬迁过来的东京开封。

酒楼南迁

伴随着社会精英的大批南下，各种酒楼商户随之而来，几乎在一夜之间，清明上河园的繁华在杭州全部重现。

冥冥之中，得以奔逃的皇帝赵构在保留了中原文明的遗脉之余，也将"清明上河园"的美食文明传承延续下来。

在西湖的碧波荡漾中，在江南温暖的风景里，美食的繁华也将开始在这个都城里缓缓飘荡开来。

杭州味道：移栽的汴京乡愁

怀念东京味道

宋人的大举南迁，同时也把北宋汴梁的舌尖记忆和胃口带往了杭州。

当战火稍息，走在杭州的烟花灯影里，他们异乡的胃也需要东京汴梁城的良宵美味来安抚，就像每一个身在异乡的旅人在饥饿的时候总是想起故乡的味道一样，他们总是想起清明上河园消夜的菜香。因此，此时的落难流离更需要酒楼里的酒香来消解失去家园的忧伤，就像理学家刘子翚在《汴京纪事》中所写的那样：

> 梁园歌舞足风流，
> 美酒如刀解断愁。
> 忆得少年多乐事，

夜深灯火上矾楼。

矾楼，就是《水浒传》里提到的那个著名的樊楼。

樊楼的记忆

当年，赵构的父亲宋徽宗就是在樊楼里与著名的红粉佳人李师师密会，谈诗、饮茶、吃饭。

柳三变柳永也是在这个酒楼里和张师师、王师师、刘师师等姐妹一起消夜赏月吃花酒。他写的那首《蝶恋花》广为传诵：

伫倚危楼风细细，望极春愁，黯黯生天际。草色烟光残照里，无言谁会凭阑意？

拟把疏狂图一醉，对酒当歌，强乐还无味。衣带渐宽终不悔，为伊消得人憔悴。

当年的樊楼不仅代表着东京汴梁美食的繁华，更代表着清明上河园舌尖的最高审美，也代表着自由美食。可惜的是，随着宋人的南迁，这个最具北宋自由消夜生活象征意义的建筑在金人的大火中变成了一片废墟。

不过随后，他们又在南宋的温柔里找回了昔日的阳光。

樊楼变身丰乐楼

在赵构的直接动议下，以"丰乐楼"为代表的酒楼开始大规模地向杭州移栽。

新崛起的"丰乐楼"比旧都开封城的"樊楼"更加壮观奢华。据说，高峰时，临安的丰乐楼能同时接待三千人吃饭。一样的美味，一样的装饰，一样的风情，比北宋汴梁更加花柳繁华、温柔富贵。

短短数年间，当年北宋的著名酒楼全都移栽过来。沿街看去，杭州城内，一多半的酒楼餐馆都是从汴京辗转而来。比之过去干涩的都城开封，活得更加滋润快活，有声有色。

今天，杭州的"中国杭帮菜博物馆"，清晰地再现了当年杭州城餐饮业的盛况：丰乐楼、太平楼、和丰楼等各种楼，楼中有楼，楼外更有楼，鳞次栉比，不一而足。

难怪林升在他《题临安邸》的诗中这样写道：

> 山外青山楼外楼，
> 西湖歌舞几时休。
> 暖风熏得游人醉，
> 直把杭州做汴州。

东京味道开启杭帮菜

林升说得没错，此时的杭州，就是移植过来的东京汴梁。

清明上河园的繁华在杭州滋润的天气里快速发芽。

北方都城的烹饪技巧及天子之城的味蕾见识和南方的花草植物碰撞融合后，更加如鱼得水。鲜活的美食花样和名称令今天的我们叹为观止，目不暇接。就是在这样的环境里，真正意义上的杭帮菜自此开创了一个新的菜系文明。

东京汴梁陷落后，孟元老依靠沧桑的回忆写下了当年繁华的《东京梦华录》。

又一个一百多年过去了，南宋杭州陷落后，一个叫吴自牧的人以同样的心境记录下了当年杭州城的美食繁华。这本书就是《梦粱录》，还有一本同类型的叫《武林旧事》，它们分别写下了当年各式各样的美食。

对比两个都城美食的繁华，我们会清晰地发现，在那一道道优雅的美食名称里，流淌着相同的血脉和菜香。

东京梦华一场梦

作为前朝的都城遗民，孟元老在家国陷落之后，和大批知识精英一道南渡，避居江左，从此不知所终。

但是，从他缭乱的叙述里，我们可以清晰地感知到，在他对盛世的怀念中，隐含着无限的家国之恋、山河之痛、故国之殇。正如他在《东京梦华录》自序中所说的那样：

> 出京南来，避地江左，情绪牢落，渐入桑榆。暗想当年，节物风流，人情和美，但成怅恨……仆今追念，回首怅然，岂非华胥之梦觉哉！

如果说，在北宋东京陷落后，孟元老的回忆还是一场梦华的话，到了南宋灭亡，吴自牧再梦南宋的时候，就几乎已经是"缅怀往事，殆犹梦也"的"黄粱一梦"了。

在度过一百五十三年偏安的日子后，南宋王朝倒在了另一个更加彪悍的游牧民族的铁骑之下。随着崖山之战十万将士跳海殉国，大宋中原文明就此湮灭。

但那一道道承载着家国之思的"杭帮味道"却在杭州的泪水中一代代地延续保留了下来，并书写着崭新的杭帮菜美食文明……

杭帮菜：怀旧的滋味

怀恋故国的美味

赵构定都临安后，南渡的北宋臣民们时刻都在怀想着北方的王朝和家乡食物的味道。

相比于普通的北宋子民，年轻的南宋皇帝赵构可能比他们更思念家乡的风物和美味。对于他来说，那个被金兵毁灭的东京汴梁不仅有他少年的美食记忆，更有他赵家曾经的江山王朝。

岳飞在他的《满江红·遥望中原》里深切地记录了这种家国之思：

> 遥望中原，荒烟外，许多城郭。想当年，花遮柳护，凤楼龙阁。
>
> 万岁山前珠翠绕，蓬壶殿里笙歌作。到而今，铁骑满郊

徽，风尘恶。

具体到对于汴梁美味的怀恋，从孟元老的怀旧之作《东京梦华录》中就更能清晰地读到这种故国怀思：

> 八荒争凑，万国咸通。集四海之珍奇，皆归市易；会寰区之异味，悉在庖厨。花光满路，何限春游，箫鼓喧空，几家夜宴？

食物，无疑是在思乡之时最温暖亲切的抚慰。

就像我们身在异乡时，总会想起少年的家乡味道。

直把杭州作汴州

身居临安的行宫里，皇帝赵构时常思念汴梁的美食味道。在此种情思的萦绕之下，他除了派大臣专门组织开封的商铺餐馆尽皆向临安搬迁外，为了寄托和抚慰乡愁，他还时不时地派宫内的工作人员到街头"买市"。

所谓"买市"，就是舍弃皇家的尊贵，到大街的地摊上买吃的。

当时杭州城内的大小街市，为了配合赵皇帝的"买市"行动，都把店铺和各色小吃装饰得如汴京时那般模样，衣服和口音也都是故都东京的旧貌，为赵皇帝营造了一个"直把杭州做汴州"的虚拟幻象，哄思乡的皇帝开心。

不唯如此，赵皇帝有时思起乡来，也没个固定的时间。有时是一大早，有时是深更半夜，他只要一想起故乡，就要派人去"买市"。于是，无形中把杭州的街市弄得异常繁荣，白天连着黑夜，黑夜又延到白天，不论刮风下雨，一律开门营业。

吴自牧在他的《梦粱录》里多次记录了这种景象，《茶肆》篇这样写道：

> 汴京熟食店，张挂名画，所以勾引观者，留连食客。今杭城茶肆亦如之，插四时花，挂名人画，装点店面。

在《天晓诸人出市》一章这样写道：

> 和宁门红杈子前买卖细色异品菜蔬，诸般嘎饭，及酒醋、时新果子，进纳海鲜品件等物，填塞街市，吟叫百端，如汴京气象，殊可人意。

在《夜市》篇又这样记录道：

历史的味觉

杭城大街，买卖昼夜不绝，夜交三四鼓，游人始稀；五鼓钟鸣，卖早市者又开店矣。

对于赵构来说，他既无法光复北宋的大好河山，又无法排遣心中的郁闷，只有通过这种"吃"的方式来寄托对故国的哀思。

他的这一寄托，无疑形成了强大的带动效应，加速推动着杭帮菜的形成。

走向朝廷的宋嫂鱼羹

几十年过去了，赵构退位，当上太上皇，对家乡食物的怀恋依然不能挥去。

退位的太上皇赵构在把朝廷交给儿子孝宗后，他时不时还到杭州的街头，以及诸如西湖、灵隐寺等旅游风景区闲游，以此来寻找旧日少年时代对汴梁清明上河园的美好回忆。兴之所至，他还会把小商小贩们聚集到自己的御驾前，一起聊聊家乡故国的风土人情和风味小食。

周密在他所著的《武林旧事》一书中，记载了赵构"买市"的趣事：这一天，在孝宗皇帝的陪同下，太上皇赵构又来到了西湖。百无聊赖之际，他见岸边一溜儿全是卖食的小贩。顿时兴起，便吩咐身边的随从将小贩们召集到船上来，自己要亲自"买市"。

那时，在大街的阴凉处，普通小贩可以自由自在地在杭州城内的风景区扎堆做买卖。大街之上，呈现出一派难得的繁荣和谐景象。

小贩之中，有一个卖鱼羹的大嫂，是来自故国的开封人。待上得船来，甫一开口，她那口汴梁乡音把太上皇赵构说得老泪纵横。

细说之下才得知，大嫂本是东京汴梁人氏，被人唤作"宋五嫂"。当年北宋灭亡之时，因受不了金兵的欺侮，她随着南渡的大军，离开家园，来到杭州，靠卖鱼羹为生。

一席话，说得太上皇赵构满心辛酸，心绪苍凉，动情之下，便命人将鱼羹全部买下。仅仅把鱼羹全部买下，似乎还不足以平复这种苍老的家园之思。于是，赵构又"念其年老，赐金钱十文、银钱一百文、绢十匹，仍令后苑供应泛索"。意思是，又叫人赏给了大嫂一干金银布匹，还让她长期供应皇宫，并鼓励大嫂好好创业，把家乡的美食发扬光大。

从此，宋嫂鱼羹名声大噪，并作为一道名菜，和"东坡肉"一起成为杭帮菜的保留菜品。冯梦龙在他的《喻世明言》第三十九回里专门赋诗赞之曰：

　　一碗鱼羹值几钱，
　　旧京遗制动天颜。

时人倍价来争市，

半买君恩半买鲜。

可以说，宋人的南渡，南北融合，加速了"杭帮菜"的形成，让它作为一派菜系传承开来……

杭州，一座吃面的城市

走在杭州，处处都倒映着一派面食的风光。

沿街望去，各种包子、各种饼、各种面条、各种片儿川[①]，把杭州打扮得犹如面食的家乡，就像走在大宋汴梁的版图上，倒不像是走在水乡的稻谷旁。

这和想象中的美食杭州不一样。

杭州的水稻文明

按说，杭州本应是一个米饭的故乡。

从美食地理学的角度说，杭州是典型的鱼米之乡，自古便有"饭稻羹鱼"之说。

以淮河为界，中国南北分属不同的饮食文明，淮河线以南属

---

① 片儿川：杭州本地的一种面食名称。

历史的味觉

于稻作文明；淮河线以北是小麦文明。因此，河南、山东、山西、陕西，包括甘肃一带，都以面食为主。馒头、炊饼、煎饼、拉面、烩面、刀削面都出自北方。考古发掘的证据也充分证明，杭州是典型的河姆渡文化遗存。

关于小麦是不是中国的原产，尚存争议。但是，提到水稻，全球学界几乎没有任何异议地都认同中国是最早进行水稻种植的国家。也就是说，水稻，可是最本土的原产物。

浙江余姚河姆渡遗址的发掘表明：早在七千年前的新石器时期，余姚的先民们就已经开始进行水稻栽培。在河姆渡文化遗址的四百多平方米土方的勘探中，人们均发现稻谷、稻草和稻壳的碳化堆积。据专家估算，折合稻谷百吨以上。

这一发掘足以证实，早在七千年前，浙江余姚的先民们就已经开启了"饭稻羹鱼"的生活。

江南的稻米生活

不仅考古发掘可以证实这一点，古代的文献记载也足以支撑杭州的稻作文明。

以黄河平原为基础繁衍发展起来的中原饮食文明，古时的主要食物以黍、粟和稷为主。即使在夏、商、周时期，稻米也还是一个比较稀有的食物，只有帝王之家才能偶尔吃到。

中原主要是黄土文明，而水稻则需要水田。因此，水稻只能在江南雨水充沛、气候温暖的地区才能生长。但它甘甜可口，芳香细腻的特征，比中原人常吃的高粱、粟米和稷子口感好很多。因此，它被先秦时期的部落酋长们重视，被引入中原，并最先在渭水一带进行种植。

到了周朝时期，水稻才进入"五谷"之列，进入到日常的饮食之中。周朝皇室为了表示它的尊贵，专门设有"稻人"一职，专门为宗室抚育种植水稻。

《礼记》将稻米列为"嘉蔬"。"嘉蔬"就是"美好的蔬菜"之义，也就是说，在当时，王侯将相是把稻米当作一道稀有的食物吃的。

《诗经》中有大量关于水稻的文字记载。《诗经·小雅·甫田》中说："黍稷稻粱，农夫之庆。"这说明，此时的中原一带，开始把水稻和黍稷粱一起纳入庆祝丰收的祭奠活动中。

孔子在《论语·阳货》中教训他的弟子说："食夫稻，衣夫锦，于汝安乎？"就是说，你天天吃大米，穿华美的衣服，心里踏实吗？

可见，在春秋时代，稻米在中原小麦文明的语境里，还是一种相对比较奢华的食物。种种文献表明，食用水稻属于典型的江南饮食文明。

然而，作为稻米文明发源地的杭州余姚一带，为什么会成为面食的家乡呢？

杭州的面食

这还是要回到南宋王朝的怀旧情愫中。

北宋王朝的遗民在杭州落脚后，上至朝廷下到平头百姓，无不怀念中原的饮食。而在众多的食物中，面食无疑是最朴素、最具代表性、也最能体现家国之思的食物。

面食自汉代被张骞引入中原以来，经历大唐的发展，到了宋朝，已成为汉家百姓最日常的食物。

移民到杭州的百姓，天天思念包子、馒头和面条。在这种思乡之情的影响下，北宋的面食文化开始向杭州转移。吴自牧的《梦粱录·面食店》一章多次提到这一点：

> 向者汴京开南食面店，川饭分茶，以备江南往来士夫，谓其不便北食故耳。南渡以来，几二百余年，则水土既惯，饮食混淆，无南北之分矣。
>
> 大凡面食店，亦谓之"分茶店"……更有面食名件：猪羊生面、丝鸡面、三鲜面、鱼桐皮面、盐煎面、笋泼肉面、大熬面……

他还在书中列举了一个个面食名称，比今天我们能吃到的不知要丰富多少倍。

在另一章《荤素从食店》中，他还列举了大量的馒头和炊饼等面食名称，从不同层面记录了自宋人南渡以来，面食在杭州的普及景象。这种传统和习惯一直传承到今天。

如今，当说起杭州的饮食时，当地很多人会一本正经地告诉你：杭州，其实是一个吃面的城市。杭州最具代表性的面食馆"奎元馆"招牌"虾爆鳝面"，早在南宋时期，就已经香飘乡里了。

历史就是这样，总在不经意间，留下它的痕迹和情感……

　　　　　　　　　　　　历史的味觉

胡椒的味道

张骞打通陆上丝绸之路后的一千五百余年后，大明王朝的太监郑和率领着浩浩荡荡的船队开启了西洋之旅。

郑和原本并不姓郑，也不是汉族，严格意义上都不能算是华夏之族。郑和本姓马，其祖上原本是中亚的色目贵族，系布哈拉国王穆罕默德的后裔，在元朝初期移居到中国，到郑和这一代已经是六世。这个背景为郑和日后下西洋奠定了基础。

历史上的事件都不是偶然。

明朝建立后，少年时代的郑和即做了太监，在燕王府朱棣手下当差。因为人比较机灵，深得朱棣的赏识。后来在朱棣发动的皇权之争中，他功绩卓著。朱棣当上大明的皇帝后，郑和顺理成章地当上了大内总管，并被赐姓为"郑"。

朱棣刚当上皇帝的第三年，就急不可待地命令郑和开启了西洋之旅。1405 年，在郑和的率领下，大明王朝的船队浩浩荡荡地从苏州刘家港出发，此后三十余年间先后开启了七次大规模的西洋之旅。

这七次航行分别是：

第一次，1405年，偕王景弘率领27800人第一次下西洋，时年34岁。

第二次，1407年，回国，随即又进行了第二次航行，时年36岁。

第三次，1409年，38岁的郑和又进行了第三次航行，1411年回国。

第四次，1413年，又率领27670人又再度下西洋。郑和时年42岁。

第五次，46岁的郑和开启了第五次西洋之旅。

第六次，1421年，50岁的郑和开启第六次下西洋之旅。

最后一次，1431年，60岁的郑和在王景弘、马欢、费信等人的陪同下，开启了最后一次西洋之旅。两年后，62岁的郑和因一路旅途劳累，病逝于印度的古里。

随着郑和的去世，大明王朝的航海时代就此结束。

就像汉武帝指派张骞出使西域的性质一样，至今我们也很难确定明成祖不惜一切代价派郑和下西洋的内心动机。但不管他们最初的目的是什么，从对后世造成的影响来说，这两次大规模的出使都开拓了东西方的交流通道，更为东西方的饮食交流带来了结构性变革。

郑和一生的航行，除了宣扬和布施大明王朝的英明神武与皇恩浩荡外，在给沿途的国家人民送去瓷器和丝绸的同时，也把香料大规模地带回中国，引发了一场香料在全球的传播运动。

开通西洋之旅后，东南亚各国的首领也借此时机纷纷以"朝贡"的名义来中国进行互市通商，贸易往来。贸易最多的显然就是以"胡椒"为代表的诸多香料。

在明朝，中国本地种植的胡椒还比较少，因此，当时的香料主要依赖进口。郑和开通西洋之旅后，香料大批进入中国，几乎在一夜之间改变了广大群众的口味。

明朝时期的国内市场对香料的需求非常大。在当时，胡椒不但是一种味道的调和物，还被当作香料和养生之物大规模地应用于其他方面。

古时，有钱和有权的男人上街，都要事先熏香。京城市民家中大多常备一香炉，把沉香、丁香、龙脑、白蜡、胡椒、肉桂、龙涎等香料点着了，在上面架一熏笼，然后把要穿的衣服往熏笼上一搭，熏上一夜，第二天早上穿出去，大袖子一甩，香味四溢。他们认为，吸了香料燃烧产生的缭绕云雾能益寿延年。

正是因为以胡椒为首的香料有如此神效，故此，胡椒也成为《金瓶梅》小说里最着重描写的一个道具，连李瓶儿的床下日常都存放着 40 公斤的胡椒。

因此，明朝成为中国历史上消耗香料最多的一个朝代也就不足为奇了。

第四部分 —— **文人的味蕾**

文人与美食的相遇，一直是一场历史的误会。

　　美味原不是文人们的诉求，但在个人理想情怀与坚硬的王朝现实碰撞时，文人士大夫们往往阴差阳错地在历史的厨房里烹煮出了一道道酸甜苦辣的盛宴，从而使中华美食得以记录和传承。

　　文人美食大都上演着这样的剧情：在被贬谪和仕途不如意时，文人开始在江湖与庙堂的缝隙中寻找着味道的方向。

　　在人生中最暗淡的时光里，他们将刺痛的灵魂隐藏在悠闲的面孔之下，将自己的悲欢与愁苦和着异乡的炊烟，勾勒着那散淡而惆怅的酒食人生。这一点，犹如失意的女子，在悲伤的日子里，用报复式的大吃来释放着内心无以言说的哀怨。

　　此时的厨房，不是他们的宗教，而是他们释放内心压抑的方式，在盐与油，醋与酱，盆与碗的碰撞中料理着人生的酸甜与苦辣……

苏东坡：一碗东坡肉，多少人间味

眉山少年，名满京城

1056 年，在四川眉山生活了二十个年头的苏轼告别家乡，随父亲苏洵进京赶考。当时的都城叫作汴梁，也被称为东京，它就是今天的河南开封。

这一年，恰是宋仁宗启用嘉祐年号的第一年。此时的大宋江山，经历了九十六年的跌宕起伏，尽管表面上一派繁华，然而，各种矛盾已经积聚到了随时爆发的边缘，北宋朝廷开始出现诸多繁乱的气象。正是在这一背景下，苏东坡从边缘的蜀地走进了大宋的中心。

1057 年，苏轼以第二名的优异成绩高中进士。

这一年的主考官是欧阳修。

本来，按照文章才学，苏轼应该是第一名，但欧阳修老先生想当然地认为这文章应该是出自自家弟子曾巩的手笔。为了避嫌，他貌似很"谦逊"地把苏轼定成了第二名。

依照古时的规矩，这一年及第的士子都算是欧阳修的门生，尽管苏轼不是他的入室弟子，但作为他这一届的士子，欧阳修还是为有这样的门生而感到欣喜的。因此，逢人就夸赞苏轼的才学。

以欧阳修当时在大宋的政治地位和影响力，他的传播效应，在文化圈子就形同圣旨一般，就是最大的流量经济，只一夜之间，苏轼的才名便传遍京城。

在当时北宋极其严峻的政治斗争形势下，欧阳修的这一举动就像一把双刃剑，他让苏轼一夜成名，但无疑也给苏轼未来的仕途埋下了辗转多舛的伏笔。

少年菜香，妈妈味道

正当苏轼想把自己满腔的才华涂写在大宋的江山之上时，不料，他的母亲却在这时去世了。所以，他的才华还未来得及在汴河两岸挥洒，就不得不回去丁忧。

苏轼的母亲程氏，出生在四川眉山一个官宦之家。祖父、父亲、兄弟均在朝为官，是当地权势相当显赫的豪门望族。十八岁时，她嫁给了十九岁的苏洵。相比于程家，苏洵的家境远不如程家，好在年轻的苏洵素有文名，郎才女貌，也还般配。

刚至苏家时，苏家还生怕这位大家闺秀在这清贫之家不习惯，没想到程大小姐却是朴实勤劳、善良持家之人，温良恭俭让地把一个贫穷之家收拾得利利落落。在苏轼的少年时代，他父亲作为一个文学青年，大部分时间都是在外边游荡。因此，苏轼兄妹的生活和学习一直都是由母亲负责。

且说眉山地区，自古就擅长烹调猪肉，尤其盛行一道叫作"白水煮肉"的菜。勤于持家的苏妈妈免不了时不时为孩子们做上一顿当地的美味，以改善孩子们窘迫的腹胃。这一"妈妈的味道"在苏轼的胃里留下了难以磨灭的记忆，并伴随着他以后的整个人生。正如我们每个人一样，少年的味觉记忆，总是伴随着后来的一生，无论走到哪里，少年的味道总会不经意地浮现在心田。苏轼也一样。

母亲的去世无疑给苏轼留下了沉痛的回忆，当然也包括永远逝去的那一丝"妈妈的味道"，他再也吃不到妈妈亲手烹制的白水煮肉了。不过，人虽逝去，少年记忆里母亲厨房的菜香却一直萦绕在他的心头。

这一切注定"东坡肉"会在他以后的生活中不断复现。

东坡滋味，徐州留传

1059 年，为母亲丁忧完回到朝廷后，三年京察，入第三等，苏轼被外派到凤翔当了四年的判官。他再回到朝廷时，父亲苏洵又去世了。苏轼不得不又回去丁忧。因此，尽管苏轼的才名很响，但入仕后的近十年间，基本没怎么派上用场。

守孝三年后，苏轼还朝，就在此时，王安石变法浩浩荡荡地上演了。

变法之下，苏轼的许多师友故交，包括当初十分赏识他的恩师欧阳修，因与新任宰相王安石政见不合，被迫离京。朝野上下，流水落花，大宋的江山，已不是他三年前所见的平和世界。

从此，苏轼开始了他仕途命运的跌宕辗转……

从此，东坡肉的传奇也将随着他的命运辗转而走上中国的灶台。

公元 1077 年的四月，苏轼被发往徐州出任知州。

他刚上任不久，便碰上黄河决口，黄河洪水泥沙沿着泗水河直奔徐州城下，身为徐州父母官的苏轼，责无旁贷，亲自率领禁军武卫营，和全城百姓抗洪筑堤保城。

洪水过后，徐州百姓为了感谢这位与民朝夕相处、甘苦与共的"父母官"，纷纷杀了家里的猪赠送给东坡先生，以表谢忱。

望着满院子的猪肉，苏轼触景生情，不经意间回想起了家乡"白水煮肉"的浓香。于是，凭着对往昔的记忆，他亲自指点厨师把这些送来的猪肉，分别改刀烹制熟，回赠给一同抗洪的黎民百姓。

百姓吃后，都觉得此肉肥而不腻、酥香美味，无不称道。他们给这道菜取名为"东坡回赠肉"。《大彭烹事录》为此特意赋诗一首纪念之：

> 狂涛淫雨侵彭楼，
> 昼夜辛劳苏知州。
> 敬献三牲黎之意，
> 东坡烹来回赠肉。

直到今天，徐州还保留着这道回赠肉，并把它作为徐州本地一道最具代表性的菜品。

这是仕途飘零的苏轼第一次将少年时的味道拿出来与世人分享。

乌台诗案，命运飘零

一年后，苏轼被再度流放，他被发往湖州出任知州。临行前，他写了首《江城子·别徐州》，以作纪念。此时，他的心中已经开始酸涩。

> 天涯流落思无穷，既相逢，却匆匆。携手佳人，和泪折残
> 红。为问东风余几许，春纵在，与谁同。
> 隋堤三月水溶溶，背归鸿，去吴中。回首彭城，清泗与淮

通。欲寄相思千点泪，流不到，楚江东。

1079 年，时年四十三岁的苏轼调任湖州知州。上任后，他旋即给当时的皇上宋神宗写了一封《湖州谢表》。这本是例行公事，但此时此刻，正处于风雨飘摇、内斗不休的大宋朝廷已经承受不了一行文字的重量。

于是，一个脆弱的朝廷把所有的愤怒和浮躁全都发泄在苏轼的身上，一干政治掮客指责他"愚弄朝廷，妄自尊大、讽刺政府，莽撞无礼，对皇帝不忠"。如此大罪可谓死有余辜。著名的"乌台诗案"爆发。

苏轼的性命因赵家太祖赵匡胤留下的"不杀士子"的遗训而得以保全。但是，宋神宗还是将他发配至黄州，以示惩戒。

在风雨飘摇的朝廷政治斗争中，苏轼再度辗转。

这一辗转，人生的大半个年华就此逝去，但也给他品尝各地人间风味积累了难得的履历。

东坡肉香，香飘黄州

"乌台诗案"给了苏轼沉重的打击。人到中年，遭此大难，整个的人生观变得又苦又咸。就是带着这样凄楚的心境，苏轼于 1080 年年初踏上了湖北黄州的土地。

从监狱出来后的苏轼，被安排到了团练副使的职位上。按现在的话说，就是民兵队副队长的角色。

此时的他，心绪寥落，过着"空庖煮寒菜，破灶烧湿苇;""也拟哭途穷，死灰吹不起"的苦涩日子。

闲来无聊，他便在城东的荒地开垦了一块农田，种种菜，除除草，喝喝酒，侍弄侍弄庄稼，借以打发寥落的日子和心情。因为这块荒地在城东，所以，他自嘲为东坡居士。从此，"东坡"的称谓便再也没有离开过他。

这一段种庄稼的心情，他都记录在了那首《临江仙·夜归临皋》中：

> 夜饮东坡醒复醉，归来仿佛三更。家童鼻息已雷鸣，敲门都不应，倚杖听江声。
>
> 长恨此身非我有，何时忘却营营。夜阑风静縠[①]纹平，小舟从此逝，江海寄余生。

在这样一种惨淡的心绪下，他总是想起妈妈那道"白水煮肉"的菜香。也许，只有少年的滋味才能给他带来些许的抚慰。至此，东坡肉再度浮现于餐桌已刻不容缓。

---

① 縠（hú）：有皱纹的纱，比喻水波细微。

说来也巧，当时的黄州，肥猪遍地跑，猪肉并不贵，富裕的黄州人民都不屑于吃它。

这令清贫的东坡先生甚觉可惜，但也给他亲手改良少年记忆里的"白水煮肉"提供了丰沛的猪肉基础。一有机会，他就和朋友一起，下棋，喝酒，煮肉吃。时间既久，手法越发老到，以至于东坡的肉香远近闻名。从此，当地的百姓争相效仿。为此，他专门写了一首名为《猪肉颂》的打油诗，向当地百姓传授煮肉之法，曰：

> 洗净铛，少着水，柴头罨①烟焰不起。待它自熟莫催它，火候足时它自美。黄州好猪肉，价贱如泥土。贵者不肯食，贫者不解煮。早晨起来打两碗，饱得自家君莫管。

应该说，在黄州之时，这道东坡肉的基本框架已经完成，剩下的就是再添加一味人文的情怀了。

西湖岸边，味道传奇

1085 年，宋哲宗即位，高太后以哲宗年幼为名，临朝听政，

---

① 罨（yǎn）：本义是指捕鱼或捕鸟的网，亦指用罨捕取。

司马光重新被启用为相，以王安石为首的新党被打压，苏轼随大宋朝廷的翻覆折腾又被重新启用。

苏轼看到新兴势力拼命打压王安石集团的人马并尽废新法后，发现新上来的这些人等与所谓的"王党"其实是一路货色。于是，他又对朝政大加批判。这样一来，他便激起了保守势力对他的讨伐。结果闹得他既不能容于新党，又不能见谅于旧党，朝廷之上，无法面对，只得请求外派。

1089 年，苏轼以龙图阁大学士的身份被派往杭州出任知州。

此番再度回到杭州，他的舌尖已历经四川、河南、江苏、安徽、山东、湖北等各地美味的熏陶，几乎尝遍了大宋江山里最繁华地区的各路美食。在黄州的生活和操练，已经使"东坡肉"的烹煮手法日臻成熟。而今，已过知天命之年的他对美食的理解更融入了人生的况味和岁月的酱香。

到此时，神奇的东坡肉出炉已成必然，只待一个机缘了。初到杭州的苏轼几乎复写了他在徐州时的旧景。

当时浙西一带大雨不止，湖水泛滥，庄稼大片被淹。由于他及早组织民工疏浚西湖，筑堤建桥，确保了杭州城的平安。杭州人民听说他在徐州、黄州时最喜欢吃猪肉，为了感谢他，便也像徐州的百姓一样，排着队，挑着酒，抬着肉，纷纷给他送来猪肉。

东坡先生，吩咐家人，把肉切成方块，洗净入锅，并将他少年的滋味、徐州的往事、黄州的失落、人生的苍茫、世事的炎凉，以及各地美味的芳香全都融进到了这一大锅肉里。

待肉出锅，大家分而食之，无不称奇。从此，"东坡肉"的幽香便像传说中的那样一代代地飘荡下来……

颠簸人生，香醇老汤

然而，苏轼人生的跌宕并未结束。正直的人生总是充满荒凉，人间的正道总是写着沧桑。

进入末代的大宋江山已经无法听闻一丝风声的响动，过敏的朝廷神经过敏地搅动着日渐脆弱的朝纲。身处庙堂之高的苏轼就像东坡肉一样，不断被动荡的朝廷翻动。这一次，他将被发配到天涯的远方。

1097 年，年已六十二岁的苏轼被一叶孤舟送到了遥远的海南儋州这块荒凉之地。他此时的心境已如止水，命运的跌宕在他的心中早已煲成了一锅醇厚的老汤。

三十年后，运行了一百六十七年的北宋江山在金兵的呐喊声中轰然坍塌。

他创制的"东坡肉"却一直在南宋的首都杭州城里安抚着失去故国的赵家王朝。

直到今天，杭州依然飘荡着一个朝代的回忆和醇香……

两个文学灵魂的芹菜情缘

提到芹菜，我们会不由自主地想到曹雪芹。

曹雪芹在《红楼梦》里写了那么多奢华的吃食，还给别人起了那么多高雅、艳媚、好听的名字，其实，靓丽的姑娘和美味或许都不是曹雪芹本心所喜欢的，就他个人情趣来说，他最喜欢的还是芹菜。这一点，从他的名字就可以看出来。

像曹雪芹这样的文学大神，给人起了那么多富有内涵的名字，为何给自己起了一个看上去相对简单朴素的"芹"字呢？这之中，究竟有什么玄机？

两个文学大师的巧合

伟大人物的意趣总是相通的。苏轼与曹雪芹，是中国文学史上的两座高峰，一个开创了中国诗词的高峰；一个开创了中国古典小说的高峰。

令人惊诧的是，他们两个人不但创造了中国文学的两座高峰，在中国的美食历史上，同样也铸就了两座高峰：一个将美食的优雅情致玩到了极致；一个把美食的风华细致写到了极致。

苏轼在动荡不定的宦海沉浮中，虽多次遭受贬谪，依然保持着豁达的人生态度，不但开创了诗词中的豪放一派，还为后世留下了以"东坡肉"为主打的东坡菜系。

曹雪芹在颠沛流离的命运浮沉中，尽管晚年的生活十分穷苦，几乎食不果腹，但依然写出了红楼华章。在整个《红楼梦》中，他除了留下许多人生命运的谜语需要解读外，更留下了令人叹为观止的红楼宴席。

倘若时光能够穿越，能让这二人聚在同一家饭馆里同席把酒，该是一种什么样的景象？

细说起来，他们二人虽然隔着六百多年的时空，但他们的意趣就像生命的轮回一样，在美食上却有着穿越时空的情缘。

那么，他们是怎么和芹菜联系起来的呢？

苏轼的芹菜

他们两人的美食情缘根植于一棵芹菜。

我们知道，苏轼的美食观念主张因地制宜，随性而为，不求奢华，却充满雅趣。即使如一棵普通的白菜，经过他的奇思妙想和神奇的味觉系统点化，也能化腐朽为神奇地创制出一道道美味绝伦的佳肴。

苏轼被贬至黄州后，政治失意，心情郁闷，生活困苦不堪到了"破灶烧湿苇"的程度。为了排遣郁闷，他便在东坡外滩开垦了一片菜园，耕耕地，种种菜，闲闲情。在种地之余，他还写了八首诗聊以自慰。这八首诗就是被后人称为《东坡八首》的组诗，在开篇的序言中他是这样说的：

> 余至黄州二年，日以困匮。故人马正卿哀余乏食，为于郡中请故营地数十亩，使得躬耕其中。地既久荒为茨棘瓦砾之场，而岁又大旱，垦辟之劳，筋力殆尽。释耒而叹，乃作是诗，自愍其勤。庶几来岁之入，以忘其劳焉！

在这十余亩荒芜的田地上，苏轼还兴趣盎然地种了一片芹菜。在《东坡八首》的第三首中，东坡先生专门给这片芹菜写了首诗，诗是这样写的：

> 泥芹有宿根，
> 一寸嗟独在；
> 雪芽何时动，

春鸠行可脍。

可能是怕人们不了解芹菜怎么做才好吃，他还在诗中特意为这道菜做了一个备注："蜀人贵芹芽脍，杂鸠肉为之。"意思是说，芹菜，用斑鸠的肉炒了吃，十分好吃。

斑鸠，是一种长得像鸽子的鸟，栖于平原和山林之间，肉质香嫩。民间有"天上的斑鸠，地上的狗肉"的美食俗语。意思是说，这两种肉都是最香的。

"脍"，在古代指的是细切的肉。这里是说，将斑鸠的肉切成丝，配了芹菜来炒。

我没有吃过这道菜。在以"东坡菜"为主题的眉州东坡酒楼的菜单里，我也不曾看到过这道菜。

曹雪芹的芹菜

六百余年后，另一个文学大师来到人间。

曹雪芹似乎比苏轼更爱芹菜。

晚年的曹雪芹，生活极度困苦，吃了上顿没有下顿，后来他小儿子活活饿死了。那时，曹雪芹正在撰写鸿篇巨制。想想吧，在那样困顿的日子里，连一口粥都喝不上，天天却书写着少年记忆里的美食奢华，该是一种怎样的折磨？

虽然在《红楼梦》里看着贾家人过着奢靡的生活，但曹雪芹先生似乎并不太喜欢"花柳繁华地，温柔富贵乡"的红楼大宴，似乎更喜欢芹菜。因此，他才给自己起号为：曹雪芹。

他原本的名字不叫曹雪芹，他祖父给他的初始名叫曹霑。这名字一看就充满旧时王朝的皇家气息："霑"者，有雨露共沾的意思，寓意着曹家能世代沐浴皇家的恩典。不过，这个愿望可能只是他祖父的一厢情愿，皇家的人可不这么想，文学青年曹雪芹也不这么想。

曹雪芹为了表达对芹菜的喜爱，特意给自己起号为雪芹，似乎这一个名字还不足以表达他对芹菜的钟爱，他还给自己弄了个"芹溪"的号，似乎一个还不够，他接着给自己又取了一个号，也跟芹菜有关，叫"芹圃"，就是种芹菜的菜园子。可见，曹雪芹对芹菜的喜爱已经上升到恨不能把自己也变成菜园子里的一株芹菜的地步。

曹雪芹与苏轼的芹菜情缘

曹雪芹，为何这般喜欢芹菜？跟苏轼又有着怎样的关系？

曹家，从曹雪芹的祖父曹寅开始，就很喜欢苏轼的诗，曹霑从小受家风的影响，也特别喜欢苏轼的诗词。苏轼特别喜欢芹菜，还常拿"芹菜"自比。而曹霑呢，大概是受了苏轼的影响，从小就喜欢芹菜。他生前最爱吃的一道菜，叫"雪底芹菜"。

这个"雪底芹菜"又是怎么来的？又是怎么个做法呢？惊人的巧合就在于此，"雪底芹菜"之句也来自苏家，正是苏轼的弟弟苏辙的诗句。苏辙在《同外孙文九新春五绝句》原诗是这样说的：

> 佳人旋贴钗头胜，
> 园父初挑雪底芹。
> 欲得春来怕春晚，
> 春来会似出山云。

"雪底芹菜"的具体做法是将斑鸠肉和芹菜一起炒，底下铺上蛋清，鲜嫩可口，色香味俱全。不仅如此，曹霑还给他和东坡先生共同喜欢的这道菜备注说："泥芹之泥虽是污浊，但它的雪芹却出污泥而不染"。

更巧的是，在东坡先生两兄弟的诗词里，"雪"本来就多用于表达"洁白、圣洁、保护"之意。苏轼还以《和子由渑池怀旧》为题，专门取"雪"意和了他兄弟苏辙的一首诗：

> 人生到处知何似，
> 应似飞鸿踏雪泥。
> 泥上偶然留指爪，

鸿飞那复计东西。

读罢此诗，曹霑寥落的心情难以自抑，喜爱之下，索性把
"霑"字也改了。从此曹霑就把自己变成了曹雪芹。这恰恰应了苏
轼的那句诗，"人生到处知何似"？冥冥之中，就像上天的安排，
一棵芹菜将两代文学大师紧紧地连接在了一起。

有时，世事总不免让人恍惚：也许，很多的现实只不过是过
往的重现……

一棵小芹菜，半部文学史

芹菜，作为一个古老的蔬菜品种，从古至今，一直贯穿在我们这个民族日常饮食的餐桌食单中。不唯如此，作为一个文学意象，它几乎贯穿整个文学史。除了在苏轼与曹雪芹这两座文学史上的巅峰巨匠的作品中闪现外，这棵小小的芹菜，一直在历代的经典著作中闪烁着光华。

古老的芹菜

之所以说芹菜是我们这个民族餐桌上的古老菜种，盖因为它从一开始就走进我们祖先的日常饮食生活了。按《吕氏春秋·本味》的说法，早在殷商时期，伊尹就向商汤介绍过芹菜。当时，伊尹在列举天下的美味时，特意提到了芹菜。

菜之美者，昆仑之蘋，寿木之华，阳华之芸，云梦之芹。

伊尹为商汤列举的这一堆味美的蔬菜，其中就包括云梦的芹菜。

云梦，指的就是云梦泽，又称云梦大泽。云梦泽在先秦的古籍中多有出现，据《周礼·职方氏》记载："正南曰荆州，其山镇曰衡山，其泽薮曰云梦。"当时的云梦大泽地域相当广阔，先秦时这一湖群的范围周长大约在450公里左右，后因长江和汉水带来的泥沙不断沉积，汉江三角洲不断伸展，云梦泽范围逐渐减小。到魏晋南北朝时期已缩小一半，唐宋时则解体为星罗棋布的小湖群。在先秦时期，云梦大泽曾是楚国国王们的狩猎区。

楚地的水芹味鲜至美，在历史上是享有盛名的。《尔雅·释草》在给"芹"这个品种做释义时，直接将芹菜定义为："水芹，即楚葵也。"郭璞补注曰："水芹，即水中的芹菜。"

李时珍在经过大量考察后，在《本草纲目·菜部》中给芹菜做了详细的定义：

楚有蕲州，地多产芹，故蕲字从芹，蕲亦音芹。芹，性冷谓如葵，故《尔雅》谓之葵。

蕲州，就是今天湖北黄冈的一个下辖县，李时珍就出生在这里。黄冈恰恰也是当年苏轼外放的区域，苏轼当年之所以在黄冈的东坡种植芹菜，那都是因为本地自古就有栽种芹菜的传统。

另据晋代刘伯庄的《地名记》一书记载："蕲春以水隈多蕲菜，因之得名。"北宋乐史《太平寰宇记》承其说曰："蕲，一名水芹，蕲春意为蕲菜之春。历史上另称蕲阳、蕲州。"

《诗经》中的芹菜

作为一个古老的菜种，芹菜不惟记满于历代的典籍文献，同样，作为一个文学意象，也一直在古典的诗歌里连绵跳动。

早在周朝时期，当时的人们就已经开始把它吟诵进民间的歌谣里，并登上《诗经》之殿堂。《诗经》不止一次提到芹菜。譬如，在《诗经·鲁颂·泮水》[1]中就有这样的记载：

> 思乐泮水，薄采其芹。
>
> 鲁侯戾止，言观其旂 [2]。

---

[1] 泮（pàn）水：旧以为周代诸侯的学宫叫泮宫，泮宫外围的水叫泮水，杨慎、戴震都认为"泮"是鲁国水名，因做宫其泮，所以叫泮宫。转引自王秀梅译注本《诗经》，中华书局，2015 年第 1 版，794 页。

[2] 旂（qí）：古代指绘有蛟龙的旗子。《周官》：上公建旂九旒（liú：旗子上的飘带，也指古代帝王礼帽前后的玉串），侯伯七旒，子男五旒。观其所饰旌旗，可知晓诸侯之尊卑等级，故诗曰：言观其旂。转引自王秀梅译注本《诗经》，中华书局，2015 年第 1 版，544 页。

其旂茷茷^①，鸾声哕哕^②。

无小无大，从公于迈。

　　这首诗的意思是，泮水令人真欢快，人们来此采芹菜。鲁侯
莅临有威仪，看那龙旗多气派。旗帜飘扬猎猎舞，鸾铃和鸣声声
在。随从不分官大小，跟着鲁公真神采。

　　这首诗原本写的是鲁僖公在战胜淮夷后，在泮宫庆功并大宴
宾客。作为一场宏大的宴席，芹菜在那个时候就已经走上公侯的
餐桌，走在《鲁颂》的词曲里，可见芹菜在当时的亲民性和广泛
性。这也足以反映出，那时的芹菜不但走上了王公大臣的餐桌，
也走进了文学的殿堂。

　　那时的芹菜不仅出现在《颂》中，也出现在《雅》中。《诗
经·小雅·采菽》这样写道：

觱沸槛泉^③，言采其芹。

君子来朝，言观其旂。

---

① 茷茷（pèi）：同旆旆，旗帜飘扬的样子。转引自王秀梅译注本《诗经》，中华书局，
2015 年第 1 版，795 页。

② 哕哕（huì）：指鸾铃声。转引自王秀梅译注本《诗经》，中华书局，2015 年第 1 版，
795 页。

③ 觱（bì）：指泉水涌出翻腾的样子。槛泉，指泉眼众多，泉水涌出的样子，槛，为
"滥"之假借字。转引自王秀梅译注本《诗经》，中华书局，2015 年第 1 版，544 页。

这几句诗的意思是，清澈喷涌的泉水旁，采摘的芹菜真嫩香。诸侯远道来参拜，看见那龙旗在飘荡。

这首诗记录的是周天子在都城接见各地诸侯前来朝拜的盛事。从这首诗里，也可看出关于芹菜的诗句，不仅出现在了东部地区鲁国的地面上，在周天子所在的西部地区的丰京和镐京，也被歌唱进了《诗经》中。

芹菜在周朝这么广大的范围出现，足以说明，芹菜入诗，在那个时代已经流行，并因此引领和确立了后世的诗歌传统。这样来看，苏轼和曹雪芹写下大量关于芹菜的诗歌，也就不足为怪了。

杜甫的芹菜

说到芹菜，就不能不说杜甫。

作为在苏轼和曹雪芹之前开创了现实主义文学巅峰的文豪，在他的诗句里，怎么能会落下芹菜这一传统而经典的文学意象呢？比如说，他在《陪郑广文游何将军山林》中这样写道：

> 鲜鲫银丝脍，香芹碧涧羹。
> 翻疑柁楼底，晚饭越中行。

　　　　　　　　　　　　　历史的味觉

这几句诗的大意是，把活鲜的鲫鱼切成银丝煲脍，用碧水涧傍的香芹熬成香羹。这分明是在吴越吃晚饭啊，哪里是在长安的枏楼底下用餐呢？

这是杜甫在与广文馆博士郑虔同游何将军山林时，记录下的情景和抒发的感受。他提到的芹菜，和他当时的心情一样，还是相当美好的。而诗中所说的"香芹碧涧羹"，就是用芹菜、芝麻、茴香、盐等物料精工制成的羹。宋代的林洪在他的著作《山家清供》"碧涧羹"条目中曾详细复原过这道羹的做法：

> 荻芹取根，赤芹取叶与茎，俱可食。二月三月作羹时采之。洗净，入汤焯过，取出，以苦酒研芝麻，入盐少许，与茴香渍之，可作菹①。惟瀹②而羹之者，既清而馨，犹碧涧然。

这其实是一道清婉可人的菜谱。具体做法是：芹菜分两种，一种荻芹；一种是赤芹，荻芹的根和赤芹的叶子、茎秆都可以食用。每年的二三月做羹汤时，将采来的芹菜洗干净，用热水焯一下。然后用醋和研过的芝麻，加入一点盐，与茴香一起腌渍，就可以做成泡菜或酸菜。煮制菜羹的时候，清淡又甜香，如同碧绿的山涧一样。

---

① 菹：同菹（zū）。古代的酸菜和腌菜。

② 瀹（yuè）：煮的意思。

这个时候，杜甫在长安的生活还是比较富有情趣的。不幸的是，自从他年过三十，他几乎一直生活在国家权力的边缘地带。在长安城的酒肆里，他要么看着别人豪饮；要么在颠沛的马路上，发出"朱门酒肉臭"的怒吼；要么就是在安史之乱的动荡中流落他乡，穷困潦倒。最后，他饿死在由潭州前往岳阳的江水里。

尽管他一直渴望着能够进入大唐帝国的核心，但终死也未能如愿。以至于杜甫的后半生相当贫困，基本也没吃过什么好吃的，甚至一直在饥饿中流离。因此，在他后来的诗歌中，芹菜也表现得和他的命运一样，粗鄙而伤感。譬如在《崔氏东山草堂》这首诗里所提到的芹菜，就已经分外伤感了：

爱汝玉山草堂静，高秋爽气相鲜新。
有时自发钟磬响，落日更见渔樵人。
盘剥白鸦谷口栗，饭煮青泥坊底芹。
何为西庄王给事，柴门空闭锁松筠。

这首诗的大意是，我喜欢玉山草堂的幽静，在秋高气爽时，一片新鲜，可以听到远处若隐若现的钟声响起，落日时分更能看见渔夫和樵夫归家。闭上柴门，吃着粗茶淡饭也挺好的，为什么还要为国事忧心而折磨自己呢？

在这里，杜甫所说的芹菜已经不再是具象的芹菜了，而是代指粗茶淡饭和他惨淡的生活处境，这和曹雪芹自号"芹溪"的意思差不多，都有粗鄙、微薄甚至有寒酸窘迫之寓意，犹如苏轼在《寒食帖》中所说："空庖煮寒菜，破灶烧湿苇。"都是指代自己清贫惨淡的日子和寥落愁苦的心情。

那么，芹菜为何被朴素化为"粗鄙"的"自谦"之意象的呢？

"自谦"的芹菜

芹菜之所以有时被转化为一种"自谦"的含义，起因在于列子。

《列子·杨朱》曾经描述过这样一个故事：从前有个乡下的贫民，在一位乡绅富豪那里经常描摹说芹菜多么多么好吃。一天这位乡人把芹菜献给这位豪绅时，这豪绅竟觉得非常扎嘴，甚至还肚子疼了半天。这就是"芹献"的由来。

这位豪绅知不知晓芹菜曾经是周天子和诸侯们宴席上的美味，我们不得而知，但我们可以明白这个故事表达的寓意，自己认为很美好的事物，在别人那里，也许就是粗鄙之物。但对于贫苦者来说，其实，他已经是把内心的珍贵最真诚地敬献于别人的面前。虽是芹意，却满含敬意，正如"千里送鹅毛，礼轻情意重"一般。

因此，不管是对流离中的杜甫来说，还是对受难中的苏轼来说，还是对落魄中的曹雪芹来说，在惨淡的日子里，芹菜是生命中最幸福的滋味了。

总之，无论是美味也好，抑或是芹敬也罢，芹菜都在文学诗章的字里行间跳动着，搅动着我们今天的心情。

历史上的所有事情基本上都不是偶然的，天空中每一次有鸟飞过，都会留下它的鸣叫。正如芹菜在走出厨房时，都会在历史的灶台上留下它的味道。

诗意的荠菜

进入春天，经过一场雨水的滋润，草木发出新鲜的嫩芽，焦急的野菜也急不可待地从泥土中冒出来。

随着人类心情的返青和身体的萌动，大地也会默契地奉上与之相配套的野菜。而在众草木之中，最身先士卒走进人类空虚了一冬天腹胃的野菜，无疑是荠菜了。

荠菜：济荒之菜

荠菜是中国最古老的一个野菜品种，在中国历史上，似乎从有文字记载之始就开始与人类相伴了，荠菜的身影就从未离开过中国的民生史。

在中国的文学意象里，荠菜被赋予了善良、敦厚、朴素的美好品德。从它的称谓中就可以看出这一点。

结合在历史上的作用，李时珍在《本草纲目》中对荠菜进行总结说：

荠生济济，故谓之荠。

正因为荠菜具有"救济灾荒"的属性，所以才被中国古人冠之曰：荠菜。经过一个冬天的严寒，大地凋零，食物匮乏，在终于熬过漫长冬季的饥饿后，人们的腹胃也像越冬的种子需要水分的滋养那样需要养分的补给。

此时的荠菜，就具有了"雪中送炭"的美好品德。

故此，明朝时期编纂的《救荒本草》将荠菜定性为"救荒之物"，在灾荒之年，荠菜可以代粮充饥。对于历史上饱受饥饿折磨的中国百姓来说，实乃食物之宝。因此，在中国广大的民间有这样的民谣：

荠菜儿，年年有，采之一二遗八九。
今年才出土眼中，饥饿之人不停手。

对于贫穷的中国民众来说，在荒凉而多灾的历史苦难深处，荠菜就像救苦救难的菩萨一样救济着饥饿中的黎民。因此，对荠菜的歌颂和赞美及回忆的诗篇写满了整个中国文学的墙壁，每当一年雨水时节的来临，这些诗篇也像春天的草木一样荡漾在我们厨房的案板上……

像荠菜一样甜

正因为荠菜有着济荒的一面，所以荠菜一直成为中国古代诗人们孜孜不倦的赞美对象，从而成为一个别具意味的诗歌意象闪烁在中国的文学史上。在历代诗人们的笔下，荠菜充满审美的价值判断、生活雅趣及栖居的诗意。

早在《诗经》时代，荠菜的身影就已经出现了。《诗经·邶风·谷风》中说：

> 谁谓荼苦，
> 其甘如荠。
> 宴尔新昏，
> 如兄如弟。

荼，就是今天我们所说的莴苣菜，也叫苦菜，味道微微发苦，而荠菜正与之相反，味道微微带甜。在先秦人的审美观念里，荼往往被用来借指"苦"的事物，有着低下卑微的含义，而荠菜则代表着高洁和美好。

具体到这首诗，表达的则是一位被遗弃的女子内心的哀怨和愤愤不平。自己尽管卑贱如"荼"，但她自认为她傲娇而不屈的品性其实也像"荠菜"一样甜。

至于这位女子在世俗的生活中遭遇了怎样的境遇，不是我们本篇重点关注的内容，从这首诗里反映出来的信息是："荠菜"美好甜美的品质形象，在周朝时期就已经被早早地确定和固定下来。

由此，《尔雅》对荠菜的定位和释义是：

荠味甘，人取其叶，作菹及羹亦佳。

意思是说，荠菜的味道是甜的，人们将它鲜嫩的叶子拿来做成腌菜、泡菜或者青菜羹。

在《楚辞》中，被放逐的屈原将荼和荠菜这两种野菜的意象含义发挥到了极致。他结合自己苦闷的遭遇，一路愤愤不平地行吟道：

故荼荠不同亩兮，
兰茝幽而独芳。

这是屈原在《九章·悲回风》里发出的牢骚。此时的他，因为政见的不同，被楚国世俗邪恶的政治势力排挤。他愤懑、悲伤，以至绝望，在为楚国未来的前途而深深忧虑之际，他决计以牺牲自己生命的方式来为国家献祭，并意图以此来唤醒昏庸的楚怀王。

在这首诗里，他用苦菜来比喻楚国的那些奸佞小人，把自己则比作甘美的荠菜。作为一棵善良甘美的荠菜，此时此刻，他宁愿投江去死也不愿和那些粗鄙的"苦菜"生长在一块田亩里。自己虽然形单影只，内心孤独，他的精神却像兰花香草一样散发着"世人皆醉我独醒"的芬芳。

从这首诗中，今天的我们至少可以读出两个信息：一、在那个时代，人们已经有意识地大面积种植苦菜和荠菜；二、这两种菜显然是分开来种的。这说明，此时的苦菜和荠菜已经被百姓们广泛食用了：一是吃荼的苦，二是吃荠菜的甜。

我们还可以得出另一个结论，荠菜的分布范围非常广大。

我们知道，《诗经》中提到了荠菜的生长地：大致地理范围是商朝都城朝歌以北的区域，也就是今天的鹤壁、安阳以北地带。而屈原所生活的楚国都城，大致在今天的湖北荆州一带，他投江自尽的汨罗江则在今天的湖南境内。

可见，这么一个大跨度的区域，都有荠菜可吃。再者，邶国和楚国虽然是不同的诸侯国，地区方言也不尽相同，他们在荠菜上的价值审美却是一致的。

不过，令我们诧异的是，可能是因为孔子个人比较讨厌楚国，他在编纂筛选《诗经》时，并没有收录进楚国的民间国风，所以，今天的我们在《诗经》里无法得知更多更翔实的关于楚地饮食生活的细节。幸运的是，郁闷的屈原在《楚辞》里进行了大面积的展现。

从文学的角度来看，尽管楚地的"牢骚"之辞和其他诸侯国的"国风"之歌从样式上存在着很大差异，对于荠菜的"甜"的认知却是一致的。再者，不管是那时的南方，还是北方，大家不约而同地都很受用荠菜的"甘"。

这就是荠菜的伟大之处，也是它的朴素和善良之处，它以它的淳朴和厚道，不带任何地区偏见地滋养着不同区域的人们，供养着千千万万黎民百姓。

后世的诗人们在书写荠菜的时候，就把荠菜的饮食生活调拌得分外妖娆和亲和。

白居易的荠菜诗意

作为当年的状元，白居易不像李白那么天生狂傲，也不像杜甫那样半生苦闷，他活得胖乎乎的，相对悠闲自在。晚年蛰居在洛阳的时候，他还时不时地"红泥小火炉，能饮一杯无"，没事就抿上两口绿蚁小酒，过得甚是快活。

每年春天，他也爱吃荠菜，乘着酒意微醺，也会写下一两首关于荠菜的情趣小品。这首《溪中早春》最具代表性：

爱此天气暖，来拂溪边石。
一坐欲忘归，暮禽声喷喷。
蓬蒿隔桑枣，隐映烟火夕。
归来问夜餐，家人烹荠麦。

在晴暖的早春里，他把荠菜上升到消夜的悠闲高度，半夜归家，用人端上来一小碗嫩滑嫩滑的荠菜羹，想必那滋味肯定很舒坦。

写了一首，似乎还不过瘾，于是，他又以"春风"为题，赋诗一首，以表达他对荠菜的喜爱：

春风先发苑中梅，
樱杏桃梨次第开。
荠花榆荚深村里，
亦道春风为我来。

此时的荠菜已经过了娇嫩时节，开出了洁白的小花，榆钱儿也缀满乡村榆树的枝头，暖洋洋的春风吹来，令人心情无限欢愉。

苏轼的荠菜闲情

论起吃荠菜的情趣，当然少不了人生姿态更为豁达的苏轼。比起白居易来，苏轼的饮食情趣不落下风。苏轼吃起各种吃食来，不但弄得满地情趣，时不时地还喜欢自己亲手上灶研发，烹制。他在《次韵子由种菜久旱不生》中写道：

新春阶下笋芽生，
厨里霜虀倒旧罌[①]。
时绕麦田求野荠，
强为僧舍煮山羹。

春天一来，他便满山遍野地跑着挖荠菜，而且还要是野生的。采满一大筐后，来不及回到自己家里煮食，便迫不及待地跑到僧人寺庙庙的香积厨里，强行借用和尚的灶台煮上一锅荠菜羹来吃。他不但自己吃，还热情地向友人推荐。在给好友徐十二《与徐十二尺牍》的信中，他殷切地嘱咐道：

今日食荠甚美，念君卧病，面醋酒皆不可近，惟有天然之

---

① 虀（jī）：指细切后用盐酱等浸渍的蔬果，如腌菜、酱菜、果酱之类。

珍，虽不甘于五味，而有味外之美……君今患疮，故宜食荠。

贬官外放时，苏东坡充分施展自己在美食领域的研发天赋，用荠菜、萝卜和粳米，搅和在一起，不加任何调料，做成羹汤吃。如此似乎还不尽兴，他又将荠菜和大米合在一起熬煮，做成了一道粥，并美其名曰：东坡羹。

陆游在荠菜里的诗意栖居

南宋时，这道东坡羹把另一位大诗人陆游勾引得心猿意马，难以忘怀。于是照着东坡先生的方法做了一回，在吃完"东坡荠菜粥"之后，便以《食荠糁甚美盖蜀人所谓东坡羹也》为题，赋诗一首曰：

> 荠糁芳甘妙绝伦，
> 啜来恍若在峨岷。
> 莼羹下豉知难敌，
> 牛乳抨酥亦未珍。

一把碎米，加一把荠菜叶，熬制成一锅蔬菜粥，味道竟然甘妙绝伦，比牛奶拌酥糕还要好吃一万倍。抿上一口，恍惚间如腾云驾雾来到了峨眉山和岷山一般。

哪知这一吃，他还上瘾了，从此发疯般地爱上了荠菜，几欲不能自抑，于是前前后后以荠菜为题就写了三十六首诗，最具代表性的就是这首《食荠十韵》：

> 舍东种早韭，生计似庾郎。
> 舍西种小果，戏学蚕丛乡。
> 惟荠天所赐，青青被陵冈。
> 珍美屏盐酪，耿介凌雪霜。

大概陆游和范仲淹在从政经历和情趣高度上有着某种共通性，在吃起荠菜来，写下"先天下之忧而忧，后天下之乐而乐"的范仲淹竟然把腌制的青菜吃出了音乐的味道。他还特地为腌制青菜写了一篇《齑赋》：

> 陶家瓮内，淹成碧绿青黄；措大口中，嚼出宫商角徵。

晚年的陆游对荠菜更是嗜之若命，就像经历了风云之后的雄心渴望恢复平静一般，他对荠菜味道的迷恋越发渴望回到素净的自然至味中。在《食荠》一诗中，他说：

小著盐醯助滋味，

微加姜桂助精神。

风炉歙钵穷家活，

妙诀何曾肯授人。

　　少用盐，少加醋，少许的姜桂，更能品出荠菜的精神内涵。
此种心境，已经不是技法授不授人的问题，而是在荒凉的南宋王
朝，此种心情有谁能够理解和体会，徒留"心在天山，身老沧州"
的慨叹！

荠菜的历史背影

　　这也是明代的唐伯虎在品食荠菜之时咂摸出的人生况味。他
在《漫兴》诗篇中这样写道：

时事百年蜗角战，

酒杯三月凤头灯。

尽尝世味犹存舌，

茶荠随缘敢爱憎。

　　世味人情，含于舌间，越过几千年的文字山河，在江南的烟

雨里，他将《诗经》、《楚辞》和唐诗、宋词中前人关于荠菜的滋味和意象尽皆融进了世风的冷暖之中，一个时代的荒芜都投射在一棵荠菜的滋味中："人面不知何处去，桃花依旧笑春风。"

不知在此时，不知在何时，梦中的秋香是否正在倚门回首，像一棵雨水时节的荠菜那样，明眸盼兮地张望着故人归来的身影……

历史的味觉

解忧的酒香

江湖酒香论英雄

翻开中国历史，除了鲁迅先生所惊诧的"满篇都是吃人"的紧张外，满屋还飘动着悠悠的酒香。有时候，笔者觉得历代大师那一首首华丽的诗句，像是一把把精心烧制的酒壶，里面斟满了沁人的酒香，读着读着，不觉间就醉了。

笔者就是这么被引诱进酒杯里去的。

笔者曾一直设想：倘若有一天，用"关公战秦琼"的穿越法，将"对酒当歌，人生几何"的曹操，"举杯邀明月"的李白，"把酒问青天"的苏东坡，"晚来天欲雪，能饮一杯无"的白居易，"借问酒家何处有"的杜牧，"满纸荒唐言"的曹雪芹及"登舟远走"的荆轲、"三碗不过冈"的武松等一众文士侠客聚在一场饭局上，该是怎样的酒气浩荡？

如果把陶渊明"采菊东篱下"的田园，把"茅屋为秋风所破"的杜甫草堂，把曹雪芹"谁解其中味"的西山小院，把韦应物"野渡无人舟自横"的河岸及阮籍等七贤们饮酒悲啸的竹林，把司马相如和卓文君当垆卖酒的小店，临摹到一个场景中，那又该是一场什么样的痛饮？

一壶浊酒说古今

酒，无疑是中国古代文学乃至中国文化的核心灵魂之一。

中国的古代文学，倘若没有了酒香，就仿佛越冬的白菜没有了气力，裸露在早春的风里，触碰之下，瘫倒如泥。

二十世纪八十年代，在看六小龄童演绎的《西游记》时，每当看到南海观音菩萨托着小瓶飘出来，用柳枝挥洒甘露时，笔者总会认为那就是天上的琼浆玉液，如果喝上一杯，肯定美妙可人，青春不老。

在笔者有限的认知里，如果非要按饮酒之人的身份标签将古往今来的酒气分出类别的话，大概应该有文酒、武酒、官酒、民酒和花酒之分。

所谓文酒，就是文人士大夫们饮酒，譬如苏东坡、阮籍们喝酒；所谓武酒，就是侠客武人们喝酒，譬如荆轲，还有梁山鲁智深们大块吃肉，大碗喝酒；所谓官酒，就是指政客们喝酒，譬如曹操、刘邦们喝酒；所谓民酒，就是指民间小人物的日常酒事。所谓花酒，专指去青楼狎妓时喝的酒，譬如在秦淮河的桨声灯影里，在古扬州的花街柳巷里喝的都是花酒。当然，无论是士人，还是诗人，还是武人，还是官人，还是普通大众，大家都有不约而同去吃花酒的情趣，甚至还出现过宋徽宗、燕青、周邦彦们同饮共斟李师师这杯花酒的传奇。

千古酒人侠客梦

纵观整个中国的文人酒事，笔者认为有三个时期的酒风比较巍峨，一个是魏晋时期，一个是大唐时期，一个是北宋时期。

魏晋时期喝得郁闷压抑，大唐时期喝得豪放酣畅，北宋时期喝得婉约清丽。在流淌的酒香里，我们可以随着历史的传奇诗篇，一同走进历代文人侠士的酒杯里，去感受他们的酒趣与孤独、欢乐和忧伤……

菊花和酒，归去的酒杯

酒中有真意

中国是酒的国度，五千年的历史就是一部飘着酒香的历史。从《诗经》到《楚辞》，从先秦诸子散文到唐诗宋词，无不飘逸着酒的芬芳。翻开《二十四史》，有关酒的记载更是无处不在。

如果没有酒，三国魏晋时期的纵横驰骋，金戈铁马就少了很多豪情。美酒英雄，胆气豪情，因而才有了曹操刘备青梅煮酒共论天下英雄的潇洒。如果没有酒，魏晋风度更是无从谈起，瑰丽奇峻缠绵悱恻的唐诗宋词，更是以酒为媒介催生出来的情志。

因此可以说，酒是一种媒介，人在半醉中，作为个体的人会回归本真自我，达到美与自由的统一。中国历史也正是因为有酒的催化而变得不再呆板，而是色彩斑斓，充满了人性中孤独的光辉。

故此，要说饮酒之美，孤独无疑是喝酒的另一种精神享受。酒逢知己千杯少，那是痛饮的快感。如果喝酒没有对手，那该是怎样的荒凉？显然，陶渊明就体会着这样的荒凉。这种荒凉的孤独感在他的《饮酒》诗篇里表现得淋漓尽致：

> 结庐在人境，而无车马喧。
>
> 问君何能尔？心远地自偏。
>
> 采菊东篱下，悠然见南山。
>
> 山气日夕佳，飞鸟相与还。
>
> 此中有真意，欲辨已忘言。

这首名为《饮酒》的诗篇，全诗并没有提到一个酒字，但从每一个字里我们似乎都能读到一个人饮酒时的孤独。

斗米不折腰

陶渊明，东晋末南朝宋初期文学家，田园诗派之宗师。

陶渊明八岁丧父，十二岁丧母，尽管生活一直贫苦，活得却洒脱快活。他耕田世间，丰收时，便"欢会酌春酒，摘我园中蔬"；灾荒时，则"夏日抱长饥，寒夜无被眠"。

朋友们知道他日子清苦，时常接济他。有一位叫颜延之的朋友，曾经给他送了两万钱。他啥也没说，原封不动地把钱全都送到了酒馆，说是为了以后喝酒方便。

为了养家，他折腰在彭泽县做县令时，分有一百亩的公田。他便让家里人全都种上"秫"。秫就是今天的黏高粱，可以酿酒。按他自己的话说就是："吾常得醉于酒足矣。"自叙云："公田之利，足以为酒，故便求之。"

他妻子央求了半天，说要种粳。"粳"就是今天的大米，属于水稻的一种，比籼米好吃。他执拗不过，大笔一挥，写信回去说："那就五十亩种秫，五十亩种粳！"

他二十九岁时出仕，杂七杂八也做了几个不大不小的官，因实在不愿为"五斗米折腰"，只做了八十多天的彭泽县令，在毅然决然地写下《归去来兮辞》后，便挂冠而去，从此躬耕僻野，居于东篱之下，养养菊花，种种秫稻，酿酿小酒，看看南山，酒中来，醉里去，幸福地孤独着。

归居南山后的陶渊明，时常于醉酒后诗兴大发，然后信笔游走。这些散发着冲天酒香的诗，就是中国诗歌史上著名的《饮酒》组诗。这组诗总共写了二十首，每一首似乎都浮游着丝丝孤独：

秋菊有佳色，裛露掇其英。
泛此忘忧物，远我遗世情。
一觞虽独尽，杯尽壶自倾。

日入群动息，归鸟趋林鸣。

啸傲东轩下，聊复得此生。

上面这首是《饮酒》系列组诗中的第一首。虽然在这首诗里，他一个酒字也没提，也没写酒香，更没直接抒发喝酒时的欢快。但隔着两千年的岁月山河，今天的我们依然可以感知到那种"一觞虽独尽，杯尽壶自倾"的孤独和享受。

归去的酒香

回归田园后，陶渊明还给自己弄了一张素琴。所谓素琴，就是没有琴弦的琴，也未加装饰。

其实呢，陶渊明原本也不懂音律，更不会弹琴，但每次半醉之后，他就抱着这张没有琴弦的琴，醉卧在自己栽种的菊园里，伴着淡雅的花香，抚弄一番。虽然没有曼妙的曲音，但从他那啪啪的琴板声里，穿越千年的乱世尘烟，我们一次次仿佛能听到南山坡下传来的他胸中那万古的苍凉。

陶渊明喝酒，不拒来客，达官士人，平民布衣，无论贵贱，皆可同席共饮。他从来又不拘小节，如果喝醉了，便对客人说："我喝醉了，想去睡觉啦，你们可以回去了。"于是，倒头睡去。

归去的生活，因为没有了"五斗米"的俸禄，日子也就相对贫穷。但是，一般情况下，有性格的酒人，朋友都多，时不时总有各路朋友提着好酒来陪他饮酒，他一概来者不拒。

当然，也有很多朋友从全国各地给他送来美酒。有一年的重阳节，陶渊明没有酒喝，就在东篱采了一把菊花，坐在篱笆旁消遣孤独，甚为郁闷。过了一会儿，陶渊明望见一个穿白衣的人过来了。原来是他的好朋友刺史王弘给他送酒来了，于是，他当即小酌一番，并大醉而归。

《饮酒》系列组诗几乎都是他在这一心境之下写就的。

每每读及这二十首饮酒诗，我们就会觉得整个村庄的菊花都是孤独的，尤其在酒醉之后再读之，更会觉得，一个朝代的孤独都融化在这一杯杯酒里了。

醉去吧，醉去吧！此时此刻，纵使有万般的爱恨伤愁，一切的一切，也都消散在一场旷古连绵的醉意之中了……

而此时，唯有南山的菊花还在秋天里摇动……

　　　　　　　　　　　　　　历史的味觉

味蕾的狂欢：与谁同饮

举杯可否邀明月

夜晚的情绪总是让人局促不安，半夜时分，突然想喝酒。

打开一瓶，喝了一口，不是那味儿，再喝一口，兴味更加索然。于是，便把一瓶喝了两口的酒搁置在一边。

这样的情景总会往复重现，时间既久，餐桌上就会搁置一排这样的残酒，落寞和不安记录着不同时期不同节点的心情。而最后的结局又是不得不将它们集中倒入下水道，看着那些被抛弃的酒随水流去，似乎冲走的都是心情的投影。此种沮丧，令人抑郁。

有时候，喝酒是需要知音和酒友的。一个人喝酒，喝的往往不是酒，而是在时空和灵魂深处失语状态下无法表白的孤独。

在喧嚣的尘世，不管是啤酒，还是白酒，酒，都需要对饮。有知音和酒友一起喝，围桌而坐，推杯换盏，这酒才喝得痛快，才能汪洋恣肆，一泻千里，不留痕迹。若是一个人喝酒，酒一入口，似乎就不再流动，如漂浮在半道的泪水，无法下咽，又无法挥去，一如清夜的月光。

故而，李白一个人在月下独酌的时候，才会"举杯邀明月，对影成三人"，喊月光和影子两个酒伴儿出来。这种孤独的酒意，实是一场人生的幻象。

浓睡不消残酒

这感觉，犹如在月下的抚琴，没了知音，悠扬的琴声诉与谁人？

这又恰似林黛玉在《葬花吟》中表达的哀怨与落寞，找不到知音共饮，便去找落花诉说："侬今葬花人笑痴，他年葬侬知是谁？"红楼大观，胭脂粉红虽多，但一个喝酒的知己都没有，连花儿也要随水流去。轻妙高古的妙玉，才不会是她的酒友。此时的宝玉，又不知被哪家的二哥拉去，找伶官喝花酒去了。即使宝玉在，喝的一定就是酒吗？

伯牙在子期病逝后，把心爱的琴毁掉，终生不复弹琴。在他看来，世界上最懂他心音的那个人去了，再奏琴那就是对牛弹琴了。更何况，现在连一头像样的牛都没有。

炒菜也是一样，譬如炒一份叫作西红柿鸡蛋的菜，没有鸡蛋，单炒一盘西红柿，那多单调？留下的鸡蛋无所去处，只能煮成茶叶蛋，孤零零地泡在卤水里。

这也就是李清照为什么如此感叹："昨夜雨疏风骤，浓睡不消残酒，试问卷帘人，却道海棠依旧。知否，知否，应是绿肥红瘦。"其实，她想知道的不是绿的肥不肥，红的瘦不瘦，海棠依不依旧，而是在雨疏风骤的夜晚，有没有知音能陪着她饮下那杯寂寞的酒，不再搁置在那里，让它们变成隔夜的残酒。

酒逢知己千杯少

如果没有知音共饮，甚至连月光也没有的话，酒就会变成残酒。有了知音共饮，酒才会有趣，才会变成鲜活的生命。正所谓："酒逢知己千杯少。"

历代文学作品中关于"酒逢知己千杯少"豪饮的篇章有很多，譬如刘备遇上关羽和张飞时，就能豪饮三百杯而不醉；遇上孔明时，就产生不了酒意，而只有敬意；遇上曹操时，不要说酒意，连酒杯都会哆嗦，剩下的只有遁意。

又譬如段誉碰上乔峰时，只需一眼，就看到了双方的酒趣，于是将拳一抱，说："这位仁兄，能否屈尊移驾过来，共饮一杯？"对方立时会意，二话不说，便和段誉一杯杯地对饮起来，小杯饮不尽兴，直接抱着坛子喝。这豪气，于今何处去寻？

又譬如鲁莽的提辖鲁达，本已醉醺醺东倒西歪了，大街之上碰上兄弟时，不由分说，又拉着他进屋再喝一回，并高呼："店家，换大碗来。"

当然，如遇酒人，即便不是同道中人，也要喝个痛快。譬如令狐冲遇上万里独行田伯光时，先不论情趣上有没有共同的价值取向，先狂饮一番，再打不迟！

酣畅淋漓一场醉

喝酒只要对上脾性，什么身份，什么职业，什么容貌，什么贫贱富贵都不重要了，先喝个快活，那才淋漓。纵观古今之文人酒事，这样的酒趣比比皆是。但如要排个座次的话，笔者以为，最著名的还是北宋时期石曼卿与布衣兄弟刘潜的饮酒之趣。

石曼卿，本名石延年，曼卿是他的字，是北宋著名文学家、书法家。此兄弟性格豪放，特别钦慕古人的奇节伟行和非常之功，嗜酒如命，尤喜狂饮。

这兄弟喝酒，特别喜欢搞怪，每与人痛饮，都要别出心裁地创造出多种怪诞的饮酒方式。例如，他把蓬乱着头发、赤着脚戴着枷锁饮酒，命名为"囚饮"；饮着饮着，还要爬到树上去喝，唤作"巢饮"；有时还用稻麦秆束身，伸出头来与人对饮，称之为"鳖饮"；有时夜晚不点灯，与兄弟们摸黑而饮，唤之曰"鬼饮"；

历史的味觉

饮酒时一会儿跳到树上，一会儿又跳到地上，说这是"鹤饮"。

最有情趣的是，他喝酒从来不讲身份贵贱。

据宋史记载，他在东京汴梁做官时，认识了一位叫刘潜的布衣酒友。这时候的刘潜还没有混出功名，二人相逢喝酒，那才是酒逢知己，千杯不倒。

当听闻京城闹市区新开了一家王氏酒楼；二人便相约到此饮酒，两兄弟到了酒楼坐下便喝，一句话也不说，一杯接一杯，一坛喝完再开一坛，喝个没完没了。从上午喝到中午，从中午又喝到下午，足足喝了一整天，竟然没有丝毫醉意。把酒家都看呆了，误以为是神仙来到了人间。

第二天，此事传遍了京城，说有两位神仙到王氏酒楼喝酒。过后，人们才知道传说中的那两位酒仙就是石曼卿和刘潜二人。

与君相会酒无涯

遇上真正的酒友，喝的是不是酒也都无所谓，关键在于喝的趣味。"寒夜客来茶当酒。"不要说茶，遇上多年未见的故人，随便一杯白水，也能饮出人生的无限快活。正所谓："君子之交淡如水。"

石曼卿就是这样一位豪放的兄弟。话说，当年他在海州（现在的连云港）任通判时，那个开封的布衣兄弟刘潜来拜访他，他撑了船远远地去迎接。二人见面，不由分说，便在船上痛饮起来，一直喝到半夜，酒都不够喝了。

正发愁无处打酒时，忽见船中有一斗多的醋。兴之所至，他们便把那斗醋全部倒入酒坛，搅和两下接着又大喝起来。第二天酒醒，才发现酒和醋被喝了个精光。

宋仁宗仁爱通达，甚爱其才，不想让他喝酒，但又不好意思当面劝诫他。便时不时地对身边的大臣说，喝酒太伤身体，你们有空要劝劝曼卿，别一天到晚地这么狂喝了。

这话传到石曼卿耳朵里，他便不好意思再喝了，自此罢酒。没想到这一停喝，竟身染重病，不久便死了，年仅四十八岁。石曼卿死后，他的酒友苏舜钦写了一首名为《哭曼卿》的诗祭奠他：

去年春雨开百花，
与君相会欢无涯。
高歌长吟插花饮，
醉倒不去眠君家。

写及此处，笔者不免又叹息了一回……

情怀的滋味

美食是一定要讲情怀的，没有情怀的美食，似乎缺了一种况味儿。用通俗的话说，没有情怀的美食不能叫美食，吃它只能叫对付着弄口饭吃。

美食的三个层次

美食之所以被称为美食，关键在于一个"美"字。对于"美"字的理解，显然决定着美食的审美趣味的走向。笼统地说，美食大抵有三个层次。

第一层是它的物理属性。

吃饱不饿，填饱肚子，这是它的基本属性。

饥荒逃难、贩夫走卒、工地民工、日常居家的一日三餐都属这一层次。这一层次的目的是完成延续生命的基本诉求，人人不可缺少。就像穿衣为暖，过日子要找另一半一样，吃饭是人之生存、生理基本需求。这一层最本质的价值在于食，满足的是腹胃和饥肠，即先要吃饱。

第二层属性是品质属性。

这个层级的核心是好吃不好吃。所谓好不好吃，吃的是感觉层面的，具体包括：色好不好看，气好不好闻，味爽不爽口等。满足的都是口舌、眼睛、鼻子等一干感官的体验。归结为一句话就是：品味儿！

这一层基本保持着物质上的意义，但已稍稍进入到审美趣味的门口，应属半美。

第三层升华到纯粹的精神层面，即美食的精神属性。

这时节吃的是情感、享受、快活等诸多心情的成分。这个阶段的感受才决定着美食的最终内涵。如果说前两种层次是美食的物质基础的话，这个意义的美食才是美食的最终判断指标。

从接受美学的角度说，它就是审美，就是艺术，就是情怀。

情怀的力量

历代的名席名宴，具体吃的是什么，我们知之甚少，但那些著名的宴席之所以能穿越数千年历史被广为传颂，不是因为桌子上的菜有多好吃，而是因为宴席背后折射出来的人文力量的美，这个力量就是情怀的力量。

魏晋时期竹林七贤经常啸聚竹林，饮酒消遣，至于他们哥几个到底吃了什么，好吃不好吃，吃没吃饱，我们不知道，他们似乎也不在意这些。但哥几个从竹林深处传颂出来的情怀却穿透历史的纸背，一次次击打着我们的内心。

兰亭边的暮春集会，惠风和畅、曲水流觞，之所以能铸就千古雅集，不是因为王羲之们具体吃了什么好吃的东西，也不是因为"仰观宇宙之大，俯察品类之盛"的丰富感让一干文人雅士快活得要飞。这些东西那都是"向之所欣，已为陈迹"。而深刻在他们心间的是"虽世殊事异，所以兴怀，其致一也"的世事苍凉感。这也是情怀！

滕王阁落成典礼上的酒席，那些文人吃了什么菜，喝了什么酒，都不重要。重要的是，这场宴会，让我们见识了王勃以惊世的才华在《滕王阁序》里写出了"落霞与孤鹜齐飞，秋水共长天一色"，"关山难越，谁悲失路之人；萍水相逢，尽是他乡之客"等千古名句，唱出了他那"时运不济，命运多舛，一介书生，无路请缨"的悲凉情怀。

苏东坡的红烧肉，隔着一千多年的时光，我们都没有吃到过，也没有品尝过他亲手烹制的佳肴。但这块胖胖的五花肉之所以能穿过一层层乱世的城墙，直到如今还滋润着我们的心灵，不是因为肉的力量，而是东坡先生那"大江东去浪淘尽，千古风流人物"的豪放之气韵。

即使如苏东坡这样的美食大家，在面对"空庖煮寒菜，破灶烧湿苇"的窘困，也能表现出惊人的人生张力。

这更是情怀。

佩刀质酒佳话

一代文豪、美食大师曹雪芹不能说没有吃过大餐。

他少年时代可是见过大世面的，作为一个出身于"花柳繁华地，温柔富贵乡"的钟鸣鼎食之家的富家少年，对于那些天上飞的，水里游的，地上跑的，什么东西没吃过？什么东西没见过？

但那都不是情怀。说实在的，那些繁华的花柳与美食除了让他更多地体会到了官宦之家潮起潮落的沧桑，并没有给他带来多少精神上的欢愉。倒是后来当他落魄到连粥都没得喝时的一次"配刀质酒"的酒局，倒让他更多地感知到了人生的快意和酣畅。

进入晚年的曹雪芹孤居北京西山，家徒四壁，一贫如洗。在他将死的最后岁月里，日子实在挨不下去了，便到城内投客借粮。哪知亲戚也都遭遇官场失势，自身难保，哪里还有力量救济他？

雪芹饥肠辘辘，满目凄凉，便跑到故交敦敏兄弟家的一处旧园借住：

雪芹自居客屋，只闻窗外风鸣不止，雨声大作，辗转终宵，难以入寐……好容易挨到天色将明，独自起来，只见一天有雨，满园无人，秋气侵窗，自己一人徘徊室内，情味十二分难遣。正在百无聊赖、万感弥襟之际，有人进来。

雪芹不看则已，看之大喜过望，正是另一故交敦诚，雪芹上前一把抱住，悲喜交集。

二人不暇多叙，敦诚一径引雪芹到了近处一家简陋的小酒馆，呼杯对酌。雪芹从愁绝中忽得此乐，愁云立时散尽，大喜狂叫，兴之所至，敲着大酒缸的石板盖，高声吟唱了一曲祝酒歌。只是当时突兀，这首祝酒歌并未记录下来。

二人只顾欢喜，酒罢结账之时，哪知敦诚身上也未带银两，情急之下，只得将身上所带的配刀解下，交给店家作质，并约定改日再送钱赎刀。[1]

这是曹雪芹在落魄之年最快乐的一次酒聚，也是他此生的最后一次痛饮。这一趟之后，雪芹再也没有踏入过北京城。

他与敦诚这次"佩刀质酒"的酒聚却留下了一段佳话传奇，烛照着酒桌上深深的文人情怀。

---

[1] 引自《曹雪芹传·佩刀质酒》，周汝昌著，作家出版社，2014年1月第1版，第305页。

美食的雅趣

说到美食的情怀，不能不提到谭家菜的创始人谭宗浚和他的谭家菜。

作为旧体制王朝时代最后一个官府私家菜的传人，他给我们留下了那个时代残存的关于美食情怀的传奇。

谭宗浚不是厨师，是一位翰林。1861年，15岁的他高中举人，1874年，中进士，当年殿试一甲进士第二名（榜眼）。

几乎和苏东坡的遭遇一样，谭宗浚一生因官位的升迁和贬谪外放，游历四方。他生性喜游，又酷爱珍馐佳肴。身为广东人，在京为官时，他并不满足于品食广东菜的单一。每次在其他地方发现好吃的，他便命家厨融汇烹制。

受他的影响，他家的女主人也善于烹调。同时，他还出重资到处聘请知名厨师，到他府上做菜论艺，交流厨技。他自己吃着不过瘾，还与同僚相互宴请，共品美食风情。

受他父亲的影响，居京时，他还把少年时代关于他父亲在广东的"西园吟社"的遗风带入京师，常于家中作《西园雅集》，吟诗作画，吃酒品菜，几乎高古到没朋友。

谭家菜能成为一家菜制，独树一帜，自成一格，谭宗浚的雅趣和情怀无疑给谭家菜注入了鲜活的生命基因。这一切皆是因为在他家后院摆放着的那一桌桌酒席，并不是谋生的生意，而是情怀。

他不是厨师，也许正是因为他不是厨师，他才能用他独到的价值观给谭家菜的形成指引出通往美食巅峰的方向。

1888年，谭宗浚病逝于归乡途中。那一年，他四十二岁。

1909年，他儿子、三十三岁的谭瑑青从广东南海老家返京，开始在菜市口米市胡同挂起"谭家菜"的牌子对外营业并以此谋生。尽管此时的谭家菜在民国的风景里仍然蜚声了一个时代，但旧体制王朝时代的文人士子遗留的古风雅趣已不复存在。

因为，那时的谭家菜已经不是情怀，而是生意了。

而真正的美食是不分贵贱的。

取决于美食美不美的，不是富贵与奢华，而是那一桌桌酒席下缓缓流淌着的美食的精神与气韵，以及在我们内心深处荡漾着的暖暖情怀。

谭家菜的情怀

谭家菜是清末官僚谭宗浚的家传筵席，因其是 1863 年的榜眼，故得名榜眼菜，也被称为谭氏官府菜。

谭家菜烹制方法以烧、炖、煨、靠、蒸为主，"长于干货发制"，"精于高汤老火烹饪海八珍"。在融合了东西南北、官府市井的烹饪技法后，自成一派，谭家创立了中国菜肴的巅峰，与"孔府菜""随园菜"并称中国三大官府名菜。

那么，它是怎么产生和变迁延续的呢？让我们缓缓地走进历史的深处，一同了解一下这道官府菜的前世和今生——

家世

1846 年，谭宗浚出生在广东南海的一个文人家庭（今广州白云区江高镇神山管理区沙龙村）。

他父亲叫谭莹，生于 1800 年。1844 年，谭莹在四十四岁左右的时候中举。这个年岁中举，既有失落，又有安慰。一方面，他已然半生凋零；另一方面，他毕竟还算获得了科举体系的认同，贴上举人的标签后，多多少少可以抬头挺胸，不再有穷酸秀才的落魄和怨怼。

这一背景，注定了谭莹要在诗文的道路上去实现一个文人的价值和残梦。事实上，他也是这样做的。谭莹既是清代广东著名诗社"西园吟社"的创办人，也是"广东学海堂"的重要骨干。他写有大量诗文，合辑有两本集子，一本是《乐志堂诗集》，另一本是《乐志堂文集》。在他生前，文誉广为流传，名噪海内，对推动岭南诗歌做出了巨大贡献。

1871 年，谭莹辞世。

这一年，他儿子谭宗浚二十六岁，距他高中榜眼进士还有三年。也就是说，他父亲，那个旧时代的文人，在儿子高中榜眼时，并未能亲自享受到这份荣光。这注定了谭宗浚在以后的岁月里，无论走到哪里，都将背负着父亲一生的仕途期望和文人背影的双重包袱。

入世

谭宗浚少年才俊。1861 年，十六岁的他荣中举人。一家同时出现两个举人，这让谭家在偏远的岭南南海县享有无限荣光，迅速跨入名门。

随后，更大的喜讯再度从京城传到广东南海。1844年，二十九岁的谭宗浚高中进士，而且是一甲第二名，即榜眼。

而立之年的谭宗浚进入京城，从此踏入宦海。

在广东南海生活了近三十年的谭宗浚，在他的身上，不可避免地镌刻着两个印痕：一个是父亲留给他的文人印痕，一个是广东菜肴留给他的味觉记忆。

此时的广东，粤菜已经基本成型。南海菜，作为粤菜的一个核心组成部分，南海菜的芳华给了谭宗浚太多的味觉记忆。对于这一点，就像曹雪芹对于江宁织造府的少年记忆，即使在他晚年落魄时，他还清晰地记得那些美味佳肴带给他的快感。其实，在我们每个人的味蕾中，也都镌刻着这种童年的美味记忆。这些记忆总会自觉不自觉地让我们怀恋家乡。

而另一种文化记忆，对于一个文人士子来说，更是刻骨铭心。冥冥之中，谭宗浚会将父亲"西园吟社"的遗风带往京城。这是谭家菜的思想逻辑和背景成因。

显然，父亲"西园吟社"的雅风遗韵给青少年时期的谭宗浚带来了决定性影响，这也直接注定了谭宗浚以后的官场性格和人生。也就是说，他不适合混官场，在他的骨子和意识里，流动的始终是"兰亭雅集"的士人古风情怀。

官场

谭宗浚入京后,先后授翰林院编修、国史馆协修、撰修,方略馆协修等,加侍读衔。居住于北京西四羊肉胡同。

1876 年,谭宗浚提督四川学政。1882 年,他充任江南乡试副考官。

谭宗浚一代文人,任上渴望有所作为,在清廷同僚中享有胜誉。当时,岑毓英借镇压雄寇、匪叛之机,乱兴大狱,陷害异见。谭宗浚得知此事后,坚持己见,向他表示:"你如果党同伐异,我必先到吏部揭露。"从此被人记恨在心。

在广西做官时,谭宗浚风骨传闻世间。当时人们慨叹说:"似谭宗浚这般年轻而不畏强权的人,实在罕见啊!"正因为他的性格亢直,被执掌翰林院的掌院厌恶。他因文人的清高和直言不讳,被外放,出外任云南粮储道。

谭宗浚不乐意赴此外任,想辞去职务,但又不被允许,再授按察使。谭宗浚郁闷成病,引疾归乡。回家途中,郁郁而亡。

雅兴

谭宗浚素来好游,每去一处必定探寻名胜古迹。同时,他又博览群书，好蓄书籍，对韩愈、杜甫、欧阳修、苏东坡等名家文集点勘数遍。有藏书楼曰"希古堂""荔村草堂"。可以称得上是旧时代残存的雅士。

此时的大清王朝，经历鸦片战争，已是风雨飘摇，各种情绪涌动，社会动荡不定，难以施展抱负的文人士子便向另一处天地寄托哀愁，具体的表现就是沉醉于酒杯宴饮之中。这一点，和魏晋时期的文人情怀有一点相像。这也是王朝没落时文人士子的共同心境。

当时的京城官僚部落，盛行家宴斗厨，各家各府，几乎都有家厨，相互宴请品评，以此忘怀社会的动荡。

谭宗浚也不例外，而且他更有优势。他不但可以把南海的粤菜芳华纵情展现，还可以承接父亲的遗风。居京时，他常于家中作《西园雅集》，将他父亲的"西园吟社"遗风带入京师。

不唯如此，他还亲自督点，炮龙蒸凤，将南北之风融入后厨。同时，谭宗浚宴请客人时，谭家女主人善于烹调，再加上他出资礼聘名师，不断提高技艺，终于形成名噪京城、甜咸适口、精选细作、名贵的独立名菜。

自此，中国历史上唯一由翰林创造的官府菜正式呈现于世……

谭家菜的衰微与营生

　　1888年，年仅四十二岁的谭宗浚从云南粮储道的任上引病归家，半道行至广西隆安时，郁郁而亡。

　　这一年，他的儿子谭瑑青刚刚十二岁。

　　谭宗浚，无疑是谭家菜的灵魂。作为一个王朝末端的旧时代文人，美食对于他来说，是一种雅好，是在官府私家后院里的怡情把玩。这恰好奠定了谭家菜的雍容华贵。那时的谭家菜还没有零落的烟尘气息。

　　常言说："厨子的手，文人的口。"如果说，厨子的手是一道菜式的技术保障，而文人的口无疑则是一道菜品的灵魂。这个灵魂就是文人的雅致和品格。

　　这是中国君主王朝时代文人士大夫的属性标签。伴随着中国君主王朝时代的瓦解，这一点残存的士人情怀注定烟消云散。

开张

1909 年，谭宗浚的儿子谭瑑青从广东南海返京，此时的他已经三十三岁。也就是说，距谭家菜的灵魂去世已经过去了二十余年。

这个时期，全国上下正处在辛亥革命的前夜，整个大清王朝即将崩塌，世道飘零。在全国一片萧条的大背景下，谭家从旧王朝的名门已经变得秋风萧瑟。而立之年的谭瑑青必须找到新的营生来支撑这个曾经豪华家族的门面。

谭瑑青回京后做的第一件事是，把家从西四羊肉胡同搬至菜市口米市胡同，经营他父亲曾经开创的谭家菜。

西四，在旧北京属于贵人居住的区域，而南城的菜市口，则是小商小贩的栖身之所。过去，那都是杀头的场所。谭瑑青搬至此地，家道之凋零，可见一斑。

从谭瑑青在家开始接待食客的第一天起，显赫一时的官府私家菜开始进入生意时代。

姨太

谭瑑青毕竟是大户人家的子弟，经历过繁华与尊贵，他是不会亲自下厨的。

所有后厨事务都由他的三姨太赵荔凤负责打理。一方面，谭家有这方面的传统；另一方面，让三姨太进入后厨张罗生意，对旧时代的士人家庭来说，虽是一个颜面无存难以启齿的现实，但生活所迫的他们显然已经没有办法了。

赵荔凤生于1889年前后，1909年随谭瑑青进京时大约二十岁。谭瑑青作为王朝时代的遗少，在继承了风骨的基础上，他把前朝的"雅"引入美食里，在餐桌上艰难而刻意地寻找着雅趣与生意的平衡。

如果说谭宗浚父子二人是飘在菜品之外的魂的话，赵姨太则很巧妙地将谭家菜的灵魂转化为餐桌上的菜形。这是一个时代的独特产物。

颜面

谭瑑青开张迎客，毕竟不是光彩的事，按照旧时代的说法，属于让祖上跌份的贱行。

因此，他每天只开一桌，不管谁来，必须给主人留一个席位和一副碗筷，以示不是生意，而是雅聚之意。谭瑑青也很知趣，每一桌酒席，他只夹一筷子，品尝一下，寒暄几句，便会离席。

由于每天只开一桌，加上三姨太温婉善良，又有悟性，谭家菜的名声在民国前后名噪一时，声传海内，有"食界无口不夸谭"

之美名。

当时，辅仁大学的郭家声教授特意为此作了一首《谭馔歌》：

> 翁饷我以嘉馔，
>
> 要我更作谭馔歌。
>
> 馔声或一纽转，
>
> 尔雅不熟奈食何。

自此，谭家菜风闻千里，达官贵人争相食之。世间口口相传的"谭家菜"正是这一时期的谭家菜。谭家菜能有这份荣耀，也算谭琭青没有辱没祖宗。

凋零

赵荔凤毕竟是女流之辈，力量有所不逮，加之渐渐老去，天天主理灶台，体力有所不支。

因此，她主灶期间，经常请一些大厨过来帮灶。据有关资料记载，最后的一位大厨姓高。

后来，世道纷扰，家道再度衰落，连大厨也请不起了，只能请些小工来帮厨。

就是在这样的背景下，1943 年，谭琭青病逝。

1946 年，在战事日紧的北平，赵荔凤烛火黯淡，随谭瑑青的逝去而去世。

谭宗浚、谭瑑青、赵荔凤的先后辞世，标志着谭家菜的灵魂和表现形式随风而散，留下的就只有传说和手艺了。

巧合的是，三人的去世，既是时代的变幻，也是谭家菜风格命运的变迁……

堕入凡间的谭家菜

关张

在谭瑑青和三姨太赵荔凤先后与 1943 年和 1946 年去世后，"谭家菜"由谭家大小姐谭令柔勉强主持打理，后厨则由当年给三姨太当帮工的彭长海主灶。

此时的北平，正处于政权的交接更替中。北平大街，人心惶惶，粮食几乎断绝，通货膨胀不断加剧。中华民国风雨飘摇，朱自清先生就是在这风雨飘摇的北平城中活活饿死的。此时的饥荒，百姓的日常所食都不足以保障，何况一个旧时代的餐馆？

1949 年，中华人民共和国成立，谭令柔随着新中国的到来参加公干，掌灶大厨彭长海无所去处，便率领冷荤师弟崔鸣鹤、白案师妹吴金秀搬出谭家，在南城果子巷另起炉灶，依旧经营"谭家菜"。

从彭长海门市另立的那一刻起，标志着贴着谭氏官府标签的

"谭家菜"一门正式关闭。

在动荡的尘世中，士人谭氏的雅趣和逸风在北平的风尘中渐渐飘散……

谭家菜开始进入"无谭时代"。

辗转

彭长海，生于 1921 年，卒于 1988 年。

1937 年前后，河北曲阳小伙彭长海作为临时小工进入谭家，为三姨太赵荔凤帮厨。跟厨了九年后，赵荔凤病逝。

在此期间，彭长海靠着吃苦能干的优良品质，从打杂帮厨做起，逐渐主灶。在他主灶期间，三姨太有时也会进入后厨，把一些心得要法告诉彭长海。

彭长海带着师弟师妹勉力经营了五年后，红色的新中国来到了 1954 年。

1954 年 9 月 2 日，中华人民共和国政务院第 223 次会议正式通过《公私合营暂定条例》。自此，全国上下所有私营行业一律掀起合营大潮。大潮之下，包括全聚德在内的旧时代的私营餐馆皆公私合营，谭家菜随潮而动，搬迁至西单恩承居。

1957 年，由于西单商场扩建，从湖南引进的湘菜馆曲园酒楼也从老西单商场搬入恩承居。自此，恩承居开启"一居两菜"模式。算起来，美食的江湖化从这个时代就已经开始了。

周总理有一次来恩承居吃饭，了解到"谭家菜"的情况后，决定将"谭家菜"搬迁至北京饭店西七楼。自此，"谭家菜"一改往日的容颜，成为北京饭店的招牌。此时，谭家人的标签已经和这个国营饭店没有了任何关系。一个大国的总理，能把心操到一个小小的饭馆上，总理当年的劳累，可见一斑。

重张

1988 年，曾经的谭家三姨太帮厨彭长海彭去世。

就是在这一年，经济日报出版社出版了他的一本书，名叫《北京饭店的谭家菜》。

改革开放已开启十个年头，中国经济渐渐复苏。"谭家菜"的春天来了。

在彭长海"谭家菜"的履历中，曾带过三位徒弟，分别是：陈玉亮、王炳和、刘京生。

陈玉亮生于 1933 年，北京海淀人，中共党员，北京市政协委员。在北京市原副秘书长、北京烹饪协会会长杨登彦老先生的主持下，陈师傅曾被评为"国宝级烹饪大师"。

同时，他也被后人公认为"谭家菜"的第三代传人。

如果说谭宗浚时代的家宴是纯粹的雅趣赏玩，那么，谭瑑青时代的谭家菜则是雅趣加生意，到了彭长海师傅的果子巷时代则是典型地糊口养家做买卖。

脉系

1956 年，二十二岁的陈玉亮到恩承居饭庄工作，后来拜彭长海为师。其时，谭家菜已全面公私合营。

1958 年，谭家菜搬至北京饭店，陈师傅也一同进入北京饭店工作，直到 1997 年退休。

陈玉亮在谭家菜前前后后工作的四十一年时间里，先后培养了大约十八位谭家菜徒弟。这为以后"谭家菜"在全球各地的四处开花埋下了伏笔，也带来了后来乱如麻"北京饭店谭家菜"的商标官司。

直到现在，我们也想不明白北京饭店诉讼的心理成因："谭家菜"这个被时代辗转的官府菜品牌到底是属于谭家的？还是属于彭师傅的？还是属于国营北京饭店的？

江湖

"谭家菜"的徒弟们后来散落各地。有被各种餐馆请去的，也有自立门面的，也有跟人合作开店的。当然，也有被引到海外的。

徒弟的徒弟，徒弟的又徒弟，此时谭家菜的枝蔓已经庞杂得难以梳理，自己的江湖已经乱了。

但是，他们都有一个共同的"信仰"，那就是"谭家菜"。

只是，在喧嚣的商业时代，我们已经很难分辨哪种味道是传说中的味道。谭家菜作为一种古风的遗韵，早已从一代一代更迭的舌尖边被风吹去……

飘荡在谭家府邸后院的味道，留下的，或许只是一个永远的传奇。

而谭家菜的命运，也是文人菜的命运缩影。

第五部分 ——

权力的食物

数千年来，生民最大的难题在于必须依靠食物才能存活，没有食物，就要挨饿。饥饿的人生意味着没有尊严。

饥饿的生民，只有一个信念，那就是吃饱饭，这是他们最基本的生存教义。

谁掌握了食物，谁就控制了生民。谁控制了生民，谁就掌握了权力。谁掌握了食物的最高分配权，谁就能给生民以食物。

中国食物的历史，乃至整个人类的历史就是沿着这样一条循环路线勾勒着社会的运行法则。

食物是怎么被贴上权力化标签的

在食物被权力化的历史上，要说影响力最大的人物，莫过于大禹了。

在夏朝之前，本来天下是和平禅让的：尧把天下禅让给了舜，舜接着又把天下禅让给了禹。尧和舜，包括大禹自己都是从平民队伍里走出来的。本本分分地做着一个"国家"的"CEO"，把"国家"经营得还比较和谐。

尧和舜遵循着禅让制一路按部就班地交接着权力。但是，从禹开始，禅让制就中断改成世袭制了。尽管按照史籍上面的说法，禹原本也不是有意把权位传给他儿子，但造成的既定事实是他儿子启继承了大位。从那一刻起，王朝的世袭制正式上演，同时也注定了中国王朝的更迭变换不会再以和平禅让的方式进行，而必将通过暴力手段来实现。

考察从大禹到夏启的王权交割，不仅破坏了禅让成规，就连把吃饭贴上身份标签这事儿，也是从这时开始的。

在大禹之前，氏族部落还没有吃饭按等级划分的概念，大家都是有饭一起吃的。据《孟子·滕文公上》里的记录，大致情况就是：

贤者与民并耕而食，饔飧而治。

这句话的意思是：古代的圣贤和普通民众一样，同耕同食，没有什么特权待遇。

尽管孟子本人并不赞同这一观点，但它却真实反映了远古氏族社会时代大家平等饮食的现实。尤其在尧舜禹时代，根据各种古籍的记载，的确更能真切地体现这一点。然而，大禹后，这种同耕同食的社会模型逐渐发生转变。

大禹从舜帝的手上接过大权后，全国各地将当时最贵重的青铜上贡给他。此时的大禹刚刚鼎立九州，豪气干云。为了彰显夏朝的权威，便将九州送来的青铜铸成了一个大鼎，用来煮肉。这就是"禹铸九鼎"的来历。

后来，由于鼎乃重器，不是一般人能用的，九鼎便成了国家的象征，也成为天子权力的象征。《红楼梦》里提到的"钟鸣鼎食之家"即是权贵之家的象征。

到了周朝，鼎更成为一种等级和权力的象征。周代的王室贵族们都讲究列鼎而食，用鼎的多少来彰显身份的尊贵程度。按照《周礼》制定的礼制，天子九鼎，诸侯七鼎，大夫五鼎，一般的官员用三鼎。春秋以降，鼎已经不再是食器和食具，而是彻底成了身份的象征。

汉武帝时代的大臣主父偃曾经发誓说：大丈夫生不五鼎食，死了也应该用五鼎来烹煮。可见，五鼎不仅成为身份的象征，更成为士大夫奋发图强博取富贵功名的精神追求。

一言九鼎、九五至尊遂成为国家政治语法中至高无上的权威象征。好端端的，一个煮肉的烹器就这样被贴上了身份的标签。到现在，鼎就更贵重了，那是一个国家的国宝级文物，镌刻着几千年国家王权的威严和神圣。

不过，比较尴尬的是，在今天的文玩市场，到处都能看见仿冒的青铜食器和酒器，他们被仿造成各种工艺品，摆摊售卖。

将曾经代表着帝王天子无上权威的青铜器，做成一个个拙劣的赝品拿来销售，不知道这算不算是一种对身份权威的解构，还是别的？这里面有太多的意味儿值得揣摩。

祭灶，食物的贿赂与权力隐喻

腊八祭灶，新年来到

腊八祭灶，新年来到，小姑娘要花，小小子要炮……

这是笔者小时候经常唱的一首童谣。如今，每当过年的时候，笔者就会情不自禁地想起它。每当想起它时，就会不由自主地想起小时候的新年。

腊八祭灶一过，盼望已久的"年"就要来了——记忆里的豫东平原的乡村，祭完灶之后，各种各样的美味纷至沓来：海带炖肉、白面馒头、农家烧鸡、大馅水饺。还有各种各样的丸子：肉丸子、红薯丸子、蔬菜丸子……每种食品都能带给人一种神秘的幻觉——让人觉得，那样的日子就是人间最美好、最淳朴、最幸福的滋味儿。

当一锅锅冒着热气的馒头从柴锅里取出，嫩白而饱满地铺满眼睛时，我们就会想，大抵传说中的小康生活也就是这样的吧？因此，一直到现在，祭灶，就像少年时代饥饿之夜里的一束幸福之光，在笔者的心灵中刻下了难以磨灭的光影，挥之不去。

祭灶还是吉兆

小时候，对祭灶蕴含着什么含义并不清楚，我们总是习惯性地以为应该是"吉兆"才对：一年到头，大家图个吉利，期盼温暖幸福的日子能够越来越红火，所以就叫"吉兆"。

直到后来才知道那个词汇是"祭灶"。但心里又总觉得很别扭，心想，怎么能叫"祭灶"呢？这个词儿很土气。即使到现在，琢磨了很长时间，笔者也并没有真正弄懂"祭灶"的内涵。它究竟蕴含着什么样的文化意义和民间价值观呢？

在中国最古老的传统节日里，我们知道，腊八节是纪念释迦牟尼成佛的，寒食节是纪念介子推的，端午节是纪念屈原的，七夕节是纪念牛郎织女的。那么，祭灶，这个古老而传统的节日到底是纪念谁的呢？

中国传统的文化价值体系，之所以设定一个纪念日，要么是为了纪念一个伟大的人物，一个美好的事件，一个善良的神仙；要么是图个吉利。其实，不惟中国人民，全球各地的传统节日都是按这样的逻辑发端，但就"祭灶"而言，在这个问题上还比较模糊。

传说中的祭灶是纪念谁

祭灶，按照普遍流行的传说是这样描述的：

传说中，灶王爷是负责管理各家灶火的天神，一年中他都在各家的厨房里，监视着一家老小。腊月二十三这天晚间，他要骑马回到天上去，向玉皇大帝汇报凡间一年来的善恶是非。玉皇大帝会根据灶王爷的报告，决定这一家人来年的吉凶祸福。

这尊神就是"司命菩萨"或"灶君司命"。传说他是玉皇大帝御封的"九天东厨司命灶王府君"，负责管理各家的灶火，俗称灶王爷。一般情况下，民间的灶房里都会供上灶王爷的神像，当然，也有将神像做成纸质，直接贴在墙上的。

灶神是汉族民间最富代表性、最有广泛群众基础的流行神，寄托了汉族人民辟邪除灾、迎祥纳福的美好愿望。

因为灶王爷的报告关系重大，所以每到他上天前这一天，人间的百姓们，家家户户都要搞一个祭拜仪式，做一堆供品，送点好吃的给他，让他在玉皇大帝面前多说点好话，以保护一家老小来年的幸福，俗称"送灶"或"辞灶"。后来，有的地方还用饴糖供奉灶王爷，目的是甜甜他老人家的嘴，让他报告时能够多说些甜美的话。有的地方，还将糖涂在灶王爷嘴的四周，边涂边说："好话多说，坏话不说。"这应该算是一种甜蜜的贿赂。

祭灶的功利性演化

这个传说，里面显然存在着极大的崇拜、祭祀的世俗化悖论。按照这个传说，灶神显然不是善良的神，而是一个接受贿赂的神。既然如此，我们为什么还要祭祀他呢？

本来，在民间大多数神话传说和寓言里，所有的神都应该是来保护人民、给人民的生活带来安宁和吉祥的，或者为人民的幸福创造丰功伟绩，这样，百姓才会尊重他、崇拜他、祭祀他。

譬如后羿射日，譬如女娲补天，譬如盘古开天，在整个神话传说体系里，所有的神基本上都为人类做出了卓越贡献，给人民谋取了巨大利益。

即使后期的民间传说，譬如过海成仙的八仙，譬如忠肝义胆的关公，那也都是以其善举和伟大人格而让民间纪念。

而这个"司命菩萨"的做法显然很不"菩萨"。他不但不"菩萨"，而且还很"坏"。他不仅监视人民的日常生活，还会到玉皇大帝那里打小报告。更可恨的是，他临走时，还要受贿。只有天下苍生给他送了好吃的，他才会帮着说好话。

如果是这样，这个神就不是神，倒像是一个世俗社会里吃、拿、卡、要的"村霸"。如果是这样，这个神不值得祭祀。

祭祀这样的神，无疑是对百姓身心的伤害。这样的神，不但不该祭祀，还应该像对待贪官和卖国贼一样，把他钉在耻辱柱上。

灶神是否是火神

祭祀一个受贿者，显然不符合中国人朴素而善良的价值观传统。就像我们对佛的祭拜一样，如果把对佛的祭拜都世俗化为功利性诉求，甚至演化为以物易物的投资性交换，那就破坏了祭祀的本初要义。显然，在世事的演化中，祭祀灶王爷的行为掺入了太多世俗化现实的悲凉。

那么，最本初的灶王爷是谁，是谁给了天下苍生生活的福祉？这就要回到最古老的传说里，寻找最本初的"灶神"——按照中国民间的饮食生活来说，灶神应该是燧人氏。

在旧石器时代，燧人氏钻木取火，成为华夏人工取火的发明者。他授人以熟食之火，结束了远古人类茹毛饮血的历史。他开创了华夏文明用火的先河，被尊为"三皇"之首，被奉为"火祖"。

关于火神，还有一种说法是燧人氏的后代祝融。祝融，本名重黎，中国上古帝王，以火施化，号赤帝，后被尊为火神、水火之神。据《山海经》记载，祝融的居所是南方的尽头——衡山，是他传下火种，教人类用火。在日常用语中，"祝融"也是火的代名词。

在今天的河南商丘地区，也有人把帝喾的儿子阏伯奉为火神，当地还有火神庙和火神台。

无论是燧人氏，还是祝融，抑或是阏伯，仅就帮助百姓摆脱茹毛饮血这一功劳来说，祭祀他们显然也是应该的。

谁是真正的灶神

火虽然可以煮熟食物，但火和灶还是有着明显的区别的。那么，古代到底有没有真正的灶神呢？

在河南的民间，有一种传说：灶神是有的，是一位名叫张奎的泥瓦匠，他的锅台垒得好，死后被封为灶神。这个显然有点弱了，编个故事纪念下可以，但若上升到祭祀的高度，这个张什么奎的显然扛不住人间的香火。

那么真正的灶神应该是谁呢？

据《古史考》记载："黄帝作釜甑。"另有"黄帝始蒸谷为饭，烹谷为粥"的记载。也就是说，华夏民族始祖之一的黄帝发明了制陶技术，并开始蒸煮谷米，做成了粥和饭。

釜和甑，是最早的灶具和炊具。传黄帝生活在新石器时代中期。根据考古发掘，这个时期，正是以陶器进行烹饪的开端。

釜是有圆底的锅，甑是今天的篦子或者笼屉，这两个配合使用既可以做饭，又可以熬粥。随后，黄帝又发明了陶具。这套炊具的出现，真正开启了中国先民们的熟食生活。

因此，成书于汉代的《淮南子》明确地记载说，黄帝教人作灶，死为"灶神"。

可见，我们祭祀的显然应该是华夏民族的始祖黄帝。再者，就传说中黄帝的诸多贡献来说，他也担当得起这份祭祀之礼，也更符合中华民族的价值观传统。

宴席是怎么被演化为等级象征的

宴席的圆与方

　　一般情况下，参加大型宴会时，四四方方的厅堂里摆着的都是一张张圆桌子。这比较令人困惑，在四方的建筑内摆上圆桌子，不知道这一传统是从什么时候开始的，其中又有怎样的隐喻。

　　天圆地方是中国最具传统的方位观和价值观，而四四方方的八仙桌则是这一观念的具体体现。一张八仙桌，分东南西北四个方位，面南背北是正位，左为上，右为副，形象地表达着东方传统的地位价值观，和中国本土的四合院建筑一脉相承：正屋是皇上住，东宫是太子住，西宫是妃子娘娘住，等级的区分相当鲜明。

　　圆桌子原本是没有方向坐标的，也不承担表达天圆概念的义务。它三百六十度无棱角体现的是一个平等化概念，不分贵贱，怎么坐都行。但无论什么东西一旦走进世俗的名利场，都会按照等级地位来划分出一个座次来。

几乎在所有饭店的包间里，杯子里插着一支鸟形状衬布的那个座位，就是主位。在圆桌子的语境里，"鸟"代表着领导，鸟是方向，坐在那个座位上的人，肯定是本次宴席官位最大、最有身份或最重要的人。

当然了，有时候也可能是做东的。做东的坐的方向不一定就是东，有可能是北，有可能是西，也有可能是南。总之，在圆桌子上，方向是混乱的，一顿饭下来，方向已经迷失了。唯一的判定方式就是看鸟形状衬布的座位。

笔者始终觉得，在圆桌子上标出等级意识，是中国官本位社会的一个经典发明。

宴席的由来

最早的中国人吃饭是不分主次的，弄了一头野鹿、野猪回来，大家围着一堆肉分食，不管是生着吃，还是烤着吃，到后来煮着吃，都是平等的。

这种习惯经过三皇五帝的演化一直也没怎么变。即使在尧舜禹本人，也始终保持着这种和广大人民打成一片的优良传统。大家一起围在地上吃饭：蹲着吃，坐着吃，跪着吃，不管咋吃，都不会分出主次来。然而，后来有了宴席。

宴席最早不叫宴席，而叫筵席。所谓筵席，就是用芦苇和草木编制的席子。天天把饭菜放在泥土上，一刮风，全是土沙，吃了不舒服。进入文明社会后，大家不能老吃土，得适当讲究一下，于是把筵席铺在地上。

筵席本是两个东西，筵是筵，席是席，筵粗糙，席相对精细。筵大一些，席小一些。吃饭的时候，筵铺在下面，席铺在上面。就跟现在吃饭摆上个桌子，再在桌子上铺块桌布一样，很讲究！

后来，由于吃的席面越来越奢华，越高大，越体面，便不再叫筵席，改称宴席了。

宴席的等级化演变

宴，一个屋顶，一个太阳，一个女人，它的本意是指在太阳将要落下、月亮快要升起的时候，在房间里和一个姑娘吃饭。

后来，排场越吃越大，一个姑娘不够，要多带几个姑娘。饭桌上姑娘一多，就成宴席了。所以，饭桌上一定要有姑娘，没有姑娘的酒桌，就有几个光着膀子的大老爷们吃饭，不叫宴席，那只能叫啸聚。

啸聚显得没文化，宴席则普遍附庸风雅。应该说，宴席的附庸风雅化倾向是从周代开始的，或者说是从周朝正式以文件的形式明确固定下来的。吃个饭，找几个姑娘哄着吃倒也罢了，关键，为了体现身份的等级，他们专门制定了一整套用席的数量标准。

天子五重席，诸侯用三重。什么意思？就是天子吃饭，要在地上铺五层席，以体现九五之尊的王者之风。诸侯吃饭，面前铺三层。至于百姓吃饭，有席的就铺一层，没有的就还是蹲在地上吃。

天子吃饭，为了继续体现身份的尊贵，还要在面前摆放几张几案。同时，在旁边还要摆上俎案，把肉在俎案上切好后，再端到王的茶几上。这个俎就是成语"人为刀俎，我为鱼肉"的"俎"。

自从宴席用席子的数量来区分王侯等级后，吃饭的宴席就变得越来越等级化了。

御膳房：帝王食物权力的缩影

溥天之下，莫非王土，率土之滨，莫非王臣。

过去，我们只知道皇帝的女人多，三宫、六院、七十二妃、佳丽三千，还有数不清的宫女和秀女。可是，我们很少知道皇帝的厨房里究竟有多少位厨师。那么，古代帝王的后厨里究竟有多少位厨师呢？

周王室的后厨有多少人

三皇五帝时代，还是比较朴素的，大禹当权时，比较亲民，尤其在治水期间，他还和工友们同吃同住，充分体现出了原始社会众生平等的理念。

然而，从夏启开始，皇帝的特权开始显现出来。从此之后，帝王们作为一个朝代最高权力的掌控者，与人民群众的饮食生活有了鲜明的区别。食物，作为权力的象征物之一，逐渐向特权阶层集中。

夏桀、商纣王都因为过分享乐导致王朝崩塌，在他们统治期间，以食物为象征的社会财富过分地向王室集中，商纣王甚至还搞出了酒池肉林。

周王朝虽然借鉴了商王朝覆灭的经验，制定了周礼来防范帝国的崩塌，但恰恰是从周王朝开始，特权阶层的利益得以制度化。也就是说，从周代开始，王朝的食物特权就以制度的形式被固定了下来。

其他的暂且不说，仅以王宫的后厨来说，以"天子之尊"，帝王后厨的服务团队就令人惊愕，关于周天子的后厨人数和制度，《周礼·天官·冢宰》是这样来规定的：

在周天子的王室里，膳夫是饮食团队的最高负责人。在膳夫之下，竟然设立了二十多个部门，包括：庖人、内饔、外饔、烹人、兽人、鳖人、腊人、医师、食医、疾医、兽医、凌人、酒正、酒人、浆人、醢人、盐人等。

各个部门不但设有专职头目，还有负责日常管理的头目，也有负责监督的小头目。当然，在各个部门的主管之下，还有大批干活的。每个部门还要视日常的工作强度和工作量来实时进行调整，人数不够的情况下，还要临时征召一些人来帮忙。

按照日常的配备，后厨的最高行政长官膳夫要配备上士2人，中士4人，下士8人，府管1人，史官4人，胥12人，徒120人。这样算下来，光一个后厨的管理部门就要152人。

而其他下级机构和分属管理部门，人数也各不相同。少者8人，多的有时能达到340多人。一般情况下，宫廷里仅负责后厨的团队标配要达到2300多人。其中光管理人员就要210人左右。而具体干活的是2000多人，根本就是一个强大的后勤部队。

御膳房庞大的运营体系

那么，每个部门具体负责什么呢？

膳夫对王室成员的一餐一饮全权负责，管理、监督、还检查饮食原材料的品质和加工水平。同时，组织大家为王室做好饮食服务。这个职位就类似领导的生活秘书，总之就是为皇室成员的日常饮食生活提供服务的。

庖人主要负责六畜（牛、马、羊、鸡、猪、狗）、六禽（雁、鹌鹑、鷃、野鸡、斑鸠、鸽）、六兽（麋、鹿、熊、獐、野猪、野兔）的宰杀，即专门负责给后厨提供新鲜的肉。

内饔，主要负责宫廷王族们主副食品的加工制作。

外饔，主要负责祭祀、招待宾客时的食物制作。

烹人，主要负责柴火、餐具和调料的管理。

食医，即皇宫的营养师。负责食品的调配和搭配。本着"饭宜温、羹宜热、酱宜凉、饮宜寒"的原则制定食品制作方案。

疾医主要负责用食疗的办法来调理疾病。后来，这一部门逐渐发展成太医。

酒正，即主管酒事的官员，主要负责组织酿造王室用酒。

凌人：从字面上就可以看出，他们是专门负责管理冰的部门。从那时开始，周王室就已经知道冷藏了。冬天采冰，夏天冷藏食品。

醢人：醢是古代的酱，据记载，烹制鸡、鱼、鳖的时候，都要用酱来调味儿，类似现在的豆瓣酱。醢人就是专门负责制酱的。

腊人：即负责制作腊肉的人。

鳖人：除了有人负责捕捞鱼虾，这个部门还有人专门负责捕捞鳖、蚌和龟类。

浆人：即专门负责皇室饮品的官员。

盐人即管盐的官员。

整个皇宫的后厨，人员众多，多得远远超出我们的想象。所以说，从王朝诞生的那一天起，在食物匮乏的年代，食物就是权力的象征，吃饭也是最高的政治。这也是"鼎"会被用来作为皇权象征的根本原因。

古代帝王是怎么吃鱼的

随着中央集权制度的逐步加强，朝廷后厨的人数越来越庞大，分工也越来越细，这也预示着全天下鲜美的食物都将逐渐成为帝王之家的专用贡物。

以明代的皇上吃鲥鱼为例，我们且看古代帝王们的饮食生活有多么奢华铺排——

鲥鱼，主要产于长江下游的江苏南京、镇江一带。每年春季溯江而上，初夏时节进行洄游生殖，此时正是捕捞的好季节。宋《食鉴本草》中说："鲥鱼，年年初夏时则出，甚贵重，余月不复有也。"鲥鱼在历史上从来都是身价高昂的食物的代名词。正因为难得又好吃，所以，从明代中期起，鲥鱼就被列为地方特产贡品，向皇上进贡。

话说大明王朝此时早已迁都北京，想吃鲥鱼得从南京和镇江调运。从江南到京城，路途遥远，隔千山万水。而长江鲥鱼又特别娇贵，那么，在当时的物流条件下，人们是怎么运输的呢？

据记载，每年到鲥鱼上市时节，明王朝就以快马和冰船作为交通工具，分水路和陆路两条线路向北京运送，并在沿途驿站设立保鲜的渔场和冰窖用来临时保鲜储藏。

从镇江到北京，路途大约三千余里，却限定必须在两天之内送到皇宫。为争取时间，送鱼人中途不许下马吃饭，只许吃一些简单的干粮，千里加急，马歇人不歇。常常是：

　　　三千里路不三日，

知毙几人马几匹？

马伤人死何足论，

只求好鱼呈至尊。①

　　而在宫廷御厨的这一端，在鲥鱼开始运送之时，就要做好烹饪的前期准备。鱼一到京，立马上灶蒸煮，确保新鲜。当时，鲥鱼宴被当作每年春季朝廷的一次盛大宴会。

　　皇帝在饕餮之时，还会邀请文武百官一同参加宴席，表示好的东西，要大家一起分享。所以，在民间，"鲥鱼宴"又被说成是"鲥鱼害"。

　　当时，明朝宫廷吃鱼很挑剔，讲究一年十二个月，所食鱼类不得重样。具体的月度鱼单是这样的：

一月要吃塘里鱼；

二月要吃刀鱼；

三月要吃鳜鱼；

四月要吃鲥鱼；

五月要吃太湖白鱼；

六月吃鳊鱼（史上曾有东坡鳊鱼之说，可惜已经失传了）；

七月吃鳗鱼；

八月吃鲃鱼；

---

① 见清·沈名荪《进鲜行》。

九月喝鲫鱼汤；

十月吃草鱼；

十一月要吃鲢鱼；

十二月要吃青鱼。

每月按时令进食鱼时，还要针对不同鱼种的不同部位烹制不同的鱼馔。譬如：五月白鱼吃肚皮、九月鲫鱼红塞肉、十一月鲢鱼汤吃头、十二月青鱼只吃尾……[①] 不一而足，令今天的我们看来都难免咂舌摇头。

所以说，食物从来就没有平均过。一代又一代的农民起义每次都要打出"有饭同吃"的起义口号，最本质的原因还是"吃饭"问题。

在传统价值观的语境里，"饭"标志着身份和权力，随着"饭"的概念和意义的变迁，"饭碗"也越来越被赋予更复杂的含义和内容。

---

① 苑洪琪《中国的宫廷饮食》，商务印书馆国际有限公司，1997 年 3 月第 1 版，第 62 页。

圆桌吃饭的世俗逻辑

吃饭即政治

中国古代社会的日常生活是个被权力意识格式化的社会，套用一句名言来表达就是：在那时中国人的身上，每个毛孔和眼神都透射着对权力的膜拜，以至于连日常普通的吃饭也被感染得很势利。

吃饭是最大的政治，所以，民间有"民以食为天"的说法。但反过来说，正如人世的诸多事物都起源于吃饭一样，很多政治概念也起源于吃饭，这一点，从"主席"一词的由来就可以得窥全豹。

"主席"一词，是正宗的国产词汇。主席本意是指主持筵席的人，或者说是筵席中的主人席位。过去，古人吃饭没有餐桌，都是席地而坐。

那时，无论是庙堂之上，还是江湖民间，常常举行大型乡饮酒礼，宴饮集会，《兰亭集序》记载的就是这一真实盛况。

吃饭前，先在地上铺一张比较粗糙的大垫子，然后根据客人的座位再铺一张细软的小垫子，这个小垫子就是"席"。开饭时，主人坐于主位，客人分开两旁就座，实行分餐，各吃各的，就叫"筵席"。那个坐于主人位置的就叫"主席"。

对此，《警世通言》"俞伯牙摔琴谢知音"中有清晰的描述："伯牙推子期坐於客位，自己主席相陪。"

作为中国文化的副产品，当下的日本和韩国还保留着中国式筵席的风格传统。河南民间，如果举行丧葬之事，也会在地上铺一张席子和大纸，大家围席而食。

因此，不管是古代还是民间，"主席"的本义是指在吃饭时主持筵席或者坐于主位的人，后来逐渐演化引申，成了对领导的称谓。

于是，"主席"一词渐渐被罩上了权力的面纱。

谁发明了圆桌？

"主席"一词的英文写作"Chairman"，它应该是一个根据东方语义输出的英文词汇，它字面意思是指"椅子上的那个人"。

中国的语言造化很神奇，从吃饭的主人席位演化下去，"主席"一词，越来越赋予政治和权力的含义。即使后来有了桌子和椅子，坐在主人席位上的那个人依然延续着"主席"的权力象征。

于是，古代王朝开会，坐在椅子上的那个人就是帝王。他高高地坐在椅子上，下边的文武大臣分列两班站立。从此，"主席"成为最高权力的象征。更重要的是，为了把这张椅子突出出来，专门在椅子上刻上龙的图案，"主席"的座位，就成了"龙椅"。

皇帝坐在龙椅上，舒不舒服不重要，要的是权威。

"主席"一词被翻译成英语后，也沿袭了权力的象征。虽然他们并不在椅子上雕刻龙的图案，但他们的主席座位也是高背大椅，以示权力的威严，和众人的座椅形成明显的区分。

但是，有一个人不想让这个词汇变得很权力化，那个人就是英国的传奇国王亚瑟王。

亚瑟王在率领骑士们建立帝国时，为了让他的骑士们心理上容易接受，同时让他们也更能有主人意识，他便有意消解"主席"权力的象征意义。于是，他发明了圆桌会议。他的骑士们也被称为"圆桌骑士"。

他在与冲锋陷阵的骑士们共商国是时，大家围坐在一张圆形的桌子周围，相互之间不分主子和属下，也不排列座次，以示平等，圆桌会议由此得名。至今，在英国的温切斯特堡还保留着一张这样的圆桌。

圆桌背后的内涵及演化变迁

圆桌，本意是要表达平等的对话和协商机制，它体现的是权力和身份平等的社会法则。究其本质，圆桌其实和中国的火锅有着同样的政治寓意。大家围坐在一个锅的周边吃饭，没有主次，没有贵贱，不分彼此，都在一个锅里吃饭，人与人之间也没有权力与被权力主宰的属性。

重庆江边的码头火锅很平民地体现着这种平等的精神，无论是船工脚力，还是贩夫走卒，大家从码头上来，围锅而食，平等地共享美味。

在这里，不存在主席的权力身份属性，也不存在高高在上的帝王和权力。

到后来，圆桌会议成为国际会议的席位法则，它象征着的平等精神也被传承和吸收。

作为一个吃饭用的家具，圆桌子是何时传入中国的，尚不可考，在这里我们只想表达它背后隐含的价值精神和政治化寓意。圆桌子，究起本质含义来说，应该是对"主席"权力的分解和共享，它体现了席间每个人的权力平等。

但比较奇怪的是，在这种象征平等、对话、自由的家具摆进中国的饭局上时，虽然"龙椅"和"主席"的权力寓意在形式上被现代的餐饮而消解，但大抵是因为"龙椅"的权力属性早已流淌在中国人血液里的原因。所以，即使现在我们围着圆桌子吃饭时，我们的骨子里还是会把"龙椅"、"主席"的权力意识加盖到这张圆桌子上。

官本位意识在圆桌子上的表现

官本位意识和权力膜拜的世俗化表演在圆桌子上体现得十分充分和赤裸。我们都有这样的经历，在赴一场饭局，入席时，肯定要安排座次，推让一番，最后一定会选择一个"最大"的坐主位。

比较可怕的是，这种对权力膜拜的惯性已经渗透到餐桌上的每一个细节，即使连商家的服务员也被训导进这个庞大的"权力场"，并逐渐演变为一种自觉。

他们在布置餐桌时，早早地就把"主席"位置的台布叠成不一样的形状，以区分其他的次席席位。

更有的商家，在装修房间时，早早地就在面对着"主席"位置的墙壁上安装上了电视。这样，入局者，不须费力，是个傻子也能辨认出，面对着电视的那个座位，肯定就是"主席"了。这就是权力的力量。不管你是谁，什么身份，来得是早是晚。其实，在入席前，我们每个人都早已被格式化到一个权力场之下了。

如果作为一种礼仪，将圆桌子"主席化"也不失为一种礼仪之邦的风范。但，在日常的吃饭时，圆桌子也往往被赋予一种权力的寓意，不能不说，这是圆桌的悲伤，也是火锅的慨叹。

而不幸的是，我们每个人，都深陷其中，也都参与其中！

鱼为什么总是受欺负

一条鱼，一条被切开的鱼，很被动地躺在了笔者的案板上，就像无能为力地躺在自己的命运里，当笔者把它抛在油锅的一刹那，想起了那些很久远的事。

鱼和羊一样，都属于温柔的物种。因此，它们都是最早进入到人类食物结构中的物种，并以各占半边的贡献组成了我们舌尖上的"鲜"。人类对食物的筛选基本上遵循这一路径。温柔的物种总是率先进入到人类的菜单上。

在人类为了自己的生存进行食物开发的进程中，大多数动植物都要先被驯化才能进入到人类常规的食物链条上，而鱼则不需要，它不需要经过漫长的驯化就直接可以被人类拿来烹煮。

这是它的属性使然，故此也酿成了它从古到今一以贯之的命运。

在树上看到了鱼

种种迹象表明，人类最早是素食动物，不吃肉，只吃树上的果子和蔬菜。人类的祖先就是在这样的食物结构中成长起来的。

起先，他们获取食物的方式很简单，那就是采集。

那时候的树木比较多，到处都长满果实。上古的人类只需懒散地伸一伸手就能采摘到树上的桃子、橡子、栗子等各类果实。那时的人类过着相当悠哉游哉的生活。

《庄子·盗跖》中说：

> 古者禽兽多而人少，于是民皆巢居以避之，昼拾橡栗，暮栖木上，故命之曰有巢氏之民。

可见，那时的人民赖以生存的食物多是鲜果、坚果和新鲜的花朵，跟今天的猴子一样。这也从另一个方面印证了达尔文"物种进化论"的合理性。

随着人类的不断繁衍和人口的快速增加，以及气候的恶化，植物物种骤然减少，能给人提供的食物越来越少。在这样的情境下，为了应对日渐增多的人口压力，人类开始了寻觅新食物源的漫漫征途。

从树上走下来的人类，第一眼就看见了鱼。

因为柔弱，鱼最先被捕捉

今天的我们无法知晓谁是第一个发现鱼是可以吃的。

人类开始发掘其他物种时，温柔而善良的鱼类一下子进入了人类的视野。按说，人类和鱼类属于两个不同世界的物种。一个在陆地和林间穿梭；一个在海洋和水里遨游。它们各有自己的领地，互不干涉。

但是，饥饿的人类此时已经顾不了太多，为了存活，他们不得不把饥饿的嘴伸向鱼的躯体。据考古资料发现，在上古的人类开始捕鱼之前，他们还没有学会驯化庄稼和圈养动物。

因为，东西方文明在提到人类对食物的开掘进程时，基本都认同这样一个历程：先采集，然后渔猎。很显然，渔猎之中，捕鱼在前。也就是说，人类先是学会了捕鱼，然后才开始狩猎。

在中国的先民们开发食物的大革命中，伏羲氏做出了巨大贡献。根据现有的文字记载，他至少有两大革命性贡献：一是创造了渔业；二是开始驯养动物。

司马贞的《三皇本纪》说，伏羲氏"结网罟，以教佃渔"。

这一文字记载清晰地表明：人类从采集的生活方式向渔猎的生活方式过渡的时候，最先是从捕鱼开始的。至于人类为什么最先把鱼作为食物，其最根本的原因或许就是因为鱼的柔弱。

相对于猛兽，鱼弱小，没有攻击性，即使有攻击之心，也上不了岸。因此，人类在捕食它的时候，既不用费太大力气，又不用担心被它伤害。

人类学会渔猎，标志着人类从素食动物全面进化到杂食动物。

鱼，是一种食物信仰

中学历史课本上有个人面鱼纹彩陶盆。它 1955 年出土于陕西省西安市半坡村，是新石器时代的标志性文物。陶盆上刻画的是一个人脸，嘴里咬着一条干瘪的鱼。

这一陶盆图形鲜明地记录了中国先民们和鱼的关系：在遥远的新石器时代，温柔的鱼已经成为中国先民们的食物图腾。

西北本是黄土之地，在那久远的年代，中国的先民们将鱼作为图腾审美之物，足见在那个时代，在先民们的灶台之上，鱼是多么普遍和重要。

这同时也说明，即使到了新石器时代，对于中国的先民们来说，狩猎还不是一件容易的事。也就是说，先民们绞尽脑汁地琢磨着如何狩猎和驯养家畜的时候，鱼早已被普及到他们的日常饮食生活之中。

故此，大概也就是从那个时代开始，鱼作为"吉庆富裕、年年有余"的美好象征而被写入到中华文明的史书里。

谁是案板上的鱼肉？

在中文语境里，鱼越来越多地被注入各种含义，并得到大跨度的引申。

鱼数量繁多，获取时又不至于太费力。因此，它被赋予了"吉庆"的含义。人们渴望身边的食物和财物能像鱼一样，可获丰收而不辛苦。于是，"鱼"就成了"财"的象征。

在家里养鱼，养的那就是"财"。

鱼性格善良，温柔，被动，不善反抗，还没有攻击性。于是，它又象征着善良的普通民众和弱势的一方。司马迁在《史记·项羽本纪》里借樊哙之口说："大行不顾细谨，大礼不辞小让。如今人方为刀俎，我为鱼肉，何辞为？"

鱼肉便被引申为弱者被任意宰割的命运。

进入权力社会后，鱼和鱼肉已经被作为动词，成为权力者剥削人民财富的象征。《后汉书·仲长统传》说："于是骄逸自恣，志意无厌，鱼肉百姓，以盈其欲。"

在权力社会的运行机制里，百姓因为处于社会的最底层，所以就成为权力之下的"鱼肉"。

顺从的鱼

总之，世间的万事万物就是如此。鱼，因为柔弱，而成为人类食物链中几乎最弱的一环，它比庄稼和家畜还没有抵抗性。庄稼和家畜还要经过不断地驯化才能烹煮，而鱼呢，它顺从和无助，毫无反抗能力，被动地成为被拖至人类餐盘中的美味。

这就像一个隐喻，在权力社会的结构中，普通民众就是那最下层的鱼，在权力的案板上一次次接受着权力的切割和煮烹。

杨贵妃的荔枝和一个女人的撒娇

还没到六月，在遥远的京城，就已经可以买到荔枝了。红艳艳的外壳，虽然表面略显粗糙，但在几片嫩叶绿莹莹的衬托下，却诱人得很。

那一层红红的外壳被扒开，露出些许嫩白的内部时，它胖胖的宛若凝脂的肌肤不禁令人想起另一个遥远王朝的女人：杨贵妃。

杨贵妃的荔枝

笔者最早知道荔枝并不是因为它的样子和它有多甜美，而是因为杨贵妃。晚唐诗人杜牧在他的《过华清宫绝句三首》给了我们一个甜美的想象：

长安回望绣成堆，

山顶千门次第开。

一骑红尘妃子笑，

无人知是荔枝来。

诗中提到的妃子就是那位被称作中国古代的四大美女之一的杨贵妃。

杨贵妃，本名杨玉环，原是唐明皇李隆基的儿媳妇。但是，爱好音乐又爱美女的唐明皇在见了同样也爱好音乐的儿媳杨玉环之后，一下子就擦出了激情燃烧的情爱火花，就像他的曾祖父李世民见到武则天时擦出的火花一样。

他以曲线掠美的方式，先下诏将杨玉环弄成女道士，并赐号"太真"。紧接着，在臣僚的会意之下，便将"洗白"了的"太真道士"弄进他的宫中。好色的唐明皇大喜过望，遂封玉环为"贵妃"。

很多美女都擅长撒娇。

贵为妃子的杨玉环更是将这一手段玩弄得炉火纯青，手段之一便是要想博得美人一笑，就要拿荔枝来换，而且必须是最新鲜的荔枝。

急不可耐的唐明皇立即下令，修筑了一条从巴蜀到长安的专用"荔枝道"。一俟荔枝成熟，专人快马加鞭，八百里加急，将荔枝送往他和杨贵妃在长安华清宫的别墅。

《新唐书·杨贵妃传》是这样记载这段情事的：

> 妃嗜荔枝，必欲生致之，乃置骑传送，走数千里，味未变，已至京师。

因此，为了将新鲜的荔枝送往长安，许多人和快马都累死倒毙在四川至长安的驿道上。

吃的是矫情还是江山

荔枝真的有那么好吃吗？

可能是传说中的荔枝太美妙，也可能是传说中的杨贵妃太美丽，总之，自读了中学时代的那篇课文后，美妙的荔枝味道便开始在笔者的心头萦绕。加上苏东坡"日啖荔枝三百颗，不辞长作岭南人"的引诱，笔者对荔枝越发憧憬。

"如果有机会，一定要好好大吃一顿。"笔者总是这样在心里暗暗发愿。

第一次见到荔枝时，笔者内心显然是激动的。

那是 1997 年夏天，在京城北三环北太平庄的天桥下，正有一个小贩在卖新鲜的荔枝。为了体验杨贵妃那种吃荔枝的快活，笔者一下子买了五斤，然后迫不及待地坐在三环边的马路边狂吃起来。可越吃越觉得和想象中的味道有点儿遥远。更可恨的是，由于吃得太多，第二天便上了火，嘴上还长了个大泡。自此以后，别人提到荔枝，笔者再也没有那么冲动了。

令人非常不解的是，不知道传说中胖胖的贵妃娘娘为什么那么爱吃荔枝？难道她就不怕上火吗？难道贪吃的苏东坡先生也不怕上火吗？

后来，笔者突然明白：杨贵妃哪是在吃荔枝，而是一个女人典型的撒娇。

"贞观之治"和"开元盛世"让彼时的大唐，国力强大，四海臣服，万国来朝。对于唐明皇来说，爱江山更爱美人。对杨贵妃来说，她虽然没有武则天的霸气和梦想，却有一个姑娘永远也用不完的撒娇资本。

对于一个贵为王妃的女人来说，把江山拿来撒娇更有味道。至于传说中的荔枝，那只是一个被动的用来撒娇的道具而已。

至于东坡先生的"日啖荔枝三百颗"，他吃的更不是荔枝，而是一个文人对往事尘烟的怀恋感伤。

被冤杀的杨贵妃

唐明皇和杨贵妃天天沉溺在华清宫的温泉旁，谈谈音乐，扒扒"荔枝"，聊聊人生，批批奏章，早已把江山本来的味道忘得一干二净。

时间一长，内乱滋生，最终爆发了"安史之乱"。长达八年的安史之乱，瞬间就让大唐江山陷入一片破落荒芜之中。

在江山丰盛的时候，美女在傍（bàng）。当江山枯萎慌乱的时候，美女的命运也就会像桌上的荔枝一样，避免不了被撕裂。贵妃杨玉环同样没有逃脱这样的命运，她像被王朝遗弃的荔枝外壳一样，在王朝逃往荔枝的故乡蜀中的路上，于马嵬坡被缢而死。

不仅如此，史书的刀笔也没有放过她，文人士子的口笔更没有放过她。她成了红颜祸水的象征，也成了四大古典美女中唯一一个有历史污点的女人。

把江山破落的罪因归到一个美女身上显然有点残酷。其实，即使把"一骑红尘妃子笑"的荔枝运输之罪归咎到她身上，也有点儿不讲道理。

将南方的荔枝运输到京城长安，本就不是杨贵妃的原始发明，她最多只是沿袭了一下王朝的旧例而已。

早在大汉王朝时期，雄才大略的汉武帝刘彻在长安的郊区建造恢宏的上林苑时，就已经实施将南方的荔枝搬至长安的计划了。

据史书记载，汉武帝在上林苑里专门建造了一个扶荔宫，把荔枝树移植到长安，还特意建造了一个温室大棚为荔枝保温。不唯如此，他还专门让司马相如为他写了一篇《上林赋》。

在以后的岁月里，将荔枝移栽到北方的土地上，始终是帝王们孜孜不倦的闲情和特供福利。北宋王朝时，宋徽宗为了建造他的艮岳园林，将福建的荔枝树"以小株结实者置瓦器中，航海至阙下，移植宣和殿"①。怎奈荔枝树太过娇贵，无论帝王们怎样努力，始终没能在北方的土壤里存活。要想吃荔枝，除了去做一个"岭南人"外，就只能"一骑红尘"了。

千年之后，当我们检视这段历史，不免惊叹，与这些帝王的大兴土木相比，杨贵妃的"一骑红尘"，充其量也只是一个薄命女人的撒娇而已。

无论怎样说，对于天翻地覆的江山来说，美女的那点儿撒娇，永远都是王朝更迭的一道小菜，一味调料……

---

① 文见《三山志》，《三山志》是宋代梁克家在担任福州知州时，积极搜集当地人文、物事、风俗、掌故，而编纂成的一部地方志。记载当时福州所辖闽县、侯官、怀安、长乐、福清、连江、罗源、长溪、古田、宁德等12县的历史、自然、社会、人文各方面情况，是我国较早的郡志之一。

被孙悟空搅局的蟠桃宴是个什么宴

草根青年孙悟空

在《西游记》的团队里，除了孙悟空，其他的都大有来头，唐僧原是如来佛祖座下二弟子金蝉子；猪八戒原是天庭玉皇大帝手下主管天河的天蓬元帅；沙僧原为天宫玉皇大帝的卷帘大将；白龙马本名敖烈，本是西海龙王三太子。他们各个都有显赫的身世背景，就连一路上碰到的妖魔鬼怪，大多都有很深的背景。

在这个上流社会的游戏里，唯独孙悟空出身寒门，无爹无娘无背景，靠自己的打拼，就跟《红与黑》中跻身于上流社会的外省青年于连一样。

尽管孙悟空看上去跻身了上流社会，但上流社会似乎并不拿孙悟空当回事儿。在天庭的主流价值世界里，孙悟空只是个下界的妖猴，之所以还能给他个"弼马温"和"齐天大圣"的虚职，那都是为了安抚一下孙悟空，以免他闹事。按照太白金星的话说就是：

> 正说间，班部中又闪出太白金星，奏道："那妖猴只知出言，不知大小。欲加兵与他争斗，想一时不能收伏，反又劳师。不若万岁大舍恩慈，还降招安旨意，就教他做个齐天大圣。只是加他个空衔，有官无禄便了。
>
> 话表齐天大圣到底是个妖猴，更不知官衔品从，也不较俸禄高低，但只注名便了。那齐天府下二司仙吏，早晚伏侍，只知日食三餐，夜眠一榻，无事牵萦，自由自在。闲时节会友游宫，交朋结义。今日东游，明日西荡，云去云来，行踪不定，悠闲之至。[①]

蟠桃宴名单之外的孙悟空

其实，孙悟空哪里知道，这"齐天大圣"的名号，和"弼马温"一样，更是个虚衔。这一点，从"蟠桃宴会"的宴请名单就可以看出。

那么，蟠桃宴会，是个什么样的宴会呢？

在民间传说中，农历三月初三是王母娘娘的圣诞。这一天，

---

① 引自吴承恩《西游记》第五回，《乱蟠桃大圣偷丹，反天宫诸神捉怪》。吴承恩：《西游记》。人民文学出版社，1955 年 2 月第 1 版，第 52 页。

王母娘娘要在瑶池举行盛大的蟠桃会，以蟠桃为主食，宴请诸路神仙，众仙也将受邀赴宴作为一种荣耀和身份。

蟠桃会是盛大而庄严的，低层次神仙在蟠桃会上要注意行为举止，否则很容易因越轨被严厉惩罚。卷帘大将沙和尚就是因为在蟠桃会上失手打破一个琉璃盏，就被罚落入凡间。

受邀参加宴会的那都是有头有脸的头面人物。那是一种等级和身份的象征，不是谁都可以随便吃蟠桃的，下界的妖猴显然没有资格参加上流社会的宴会，并享受这美妙的食物。

那么，谁有资格参加这个活动呢？

采桃子的小仙女和孙悟空的对话特别富有意味：

大圣闻言，回嗔作喜道："仙娥请起，王母开阁设宴，请的是谁？"

仙女道："上会自有旧规，请的是西天佛老、菩萨、圣僧、罗汉，南方南极观音，东方崇恩圣帝、十洲三岛仙翁，北方北极玄灵，中央黄极黄角大仙，这个是五方五老。还有五斗星君，上八洞三清、四帝、太乙天仙等众。中八洞玉皇、九垒，海岳神仙；下八洞幽冥教主、注世地仙。各宫各殿大小尊神，俱一齐赴蟠桃嘉会。"

大圣笑道："可请我么？"

仙女道："不曾听得说。"

大圣道：“我乃齐天大圣，就请我老孙做个席尊，有何不可？”①

　　到这里，底层青年孙悟空的自尊心显然受到了极大伤害——弄了半天，虽名为齐天大圣，他却并不在上流社会之列。此时，他已经彻底明白：他天天守着的蟠桃原本是一种身份的象征，不是谁都可以随便吃的，尽管他监守自盗地偷吃了大半。

蟠桃究竟是个什么桃？

　　蟠桃到底是个什么桃？究竟有多好吃呢？《西游记》的描述是这样的：

　　大圣看玩多时，问土地道：“此树有多少株数？”

　　土地道：“有三千六百株：前面一千二百株，花微果小，三千年一熟，人吃了成仙了道，体健身轻。

　　中间一千二百株，层花甘实，六千年一熟，人吃了霞举飞升，长生不老。

　　后面一千二百株，紫纹缃核，九千年一熟，人吃了与天地

---

① 引自吴承恩《西游记》第五回，《乱蟠桃大圣偷丹，反天宫诸神捉怪》。吴承恩：《西游记》，人民文学出版社，1955年2月第1版，第54页。

齐寿，日月同庚。"[1]

蟠桃树都是西天王母娘娘亲手栽培的，主要用来招待上界的各路神仙，不是一般仙人可以吃的。即使在几千年的中国神话传说史上，也只有两个人有幸吃到过，一个是周穆王，另一个是汉武帝。

传说周穆王路过昆仑山，曾经受到过西王母的款待，并在瑶池上饮酒赋诗，盘桓多日。后来，周穆王再次途经昆仑山，四处寻找瑶池蟠桃园，却怎么也找不见，只好恋恋不舍地离去。

据《汉武帝内传》记载，元封六年（公元前105年）四月，西王母曾与汉武帝相会，送给汉武帝四个蟠桃，汉武帝吃后只觉通体舒泰，齿颊生香，便想在皇宫花园也栽种。西王母高傲地说："你们那都是凡间的土地，即使种了也不会生长的。"

据说，汉武帝并不罢休。此后，因思恋蟠桃美味，曾三次派大臣东方朔长途跋涉，西上昆仑，偷来蟠桃。汉武帝还把吃过的桃核，一个个谨慎地收藏起来。因此，才有了现在的蟠桃。

可见，不管是在传说中的天庭还是在人间，作为一种美妙可人的仙果，蟠桃其实已经不是具体的桃子，而是一种身份和权力的象征。

---

[1]　引自吴承恩《西游记》第五回，《乱蟠桃大圣偷丹，反天宫诸神捉怪》。吴承恩：《西游记》。人民文学出版社，1955年2月第1版，第53页。

超越食物等级必然受到责罚

食物，作为一种权力的象征，一旦权力遭到挑战，往往都会受到权力社会的责罚。这恰恰是上流权力社会的权力语法和世俗暗喻，命运的悲剧性就在于此。

底层青年孙悟空因为偷吃了王母娘娘的蟠桃，挑战了上流社会的权威，从而受到了在五指山关押五百年的重罚；而《红与黑》中的外省青年于连，因为挑战了上流社会的权威，最后也被上流社会处死。这是两个典型底层青年冲击上流社会未果的经典案例，说明他们的命运其实在几千年的食物与权力的世俗语法中早早被写就。

孙悟空大闹天宫的行为，可以说是一种平民对板结了千年的食物权力社会的挑战，就像历史上数次农民起义提出的"有衣同穿，有饭同吃"的口号一样，它透射着普通下层民众对"特权食物"的"共享诉求"，即食物不应该作为一种少数人的专属，而应该实现大同和平均。

勺把子的社会学寓意

上学期间，很多人印象最深的可能不只有班主任老师，还有学生食堂窗口打饭的大师傅。凡是经历过学生食堂生活的同学都或多或少有过这种受伤的成长经历：影响和改变了你青春成长轨迹的，不一定都是操场对面的漂亮女生，可能也有饭堂打饭师傅的勺子。

食物的交易

二十世纪七八十年代，国家还处于粮食紧缺时期，食物都按"票"有组织、有计划地供应。吃粮有"粮票"，穿衣有"布票"，打饭有"饭票"，种种的票。"票"这个字，比较魔幻，一旦把它和"女"字联系到一起，就容易形成不正当的交易。古人造字的时候，可能就是这么想的。

事实上也是，在"票"的时代，票往往意味着权力，它是权力的化身或者介质和载体，用来交换生存所必需的食物。

当然，票不但能交换成食物，也能交换其他的，包括"美色"。这种交换，不但在国家体系和政治循环里运行，也会体现在学校校园里。

大师傅们的勺子

读中学的时候，正是青春"饥饿的年代"，各种不同形态的饥饿交织在一起，令青春显得很是蹉跎。

当时，尚属于专心致志读书时期，加之学校纪律的严酷和老师的成功教化，别的"饥饿"暂时被压抑起来，但来自肚子的饥饿却是无论如何都不能搁浅的。所以，人虽在教室，心思却一直惦记着食堂大师傅的勺子。

那时候学生食堂打饭的窗口都很小，像通往天堂的通道，只开了一个口，露出微弱的光，里面弥漫着饭菜的香，勾引着我们对食物充满宗教般的向往。

下课的铃声，就像饲养员的铃铛，只是那么一声，学生们便像一群猪似的围挤在瘦弱的食堂窗口，等待着饲养员的食物发放。食堂都是大锅饭，一大锅的汤菜，要被一勺勺地瓜分掉。这个时候就显示出了勺子的分量，勺子的随便一抖一漏，就决定着肚子的温饱。是给你半勺，还是一勺；是给你一勺半，还是十分之九勺，都取决于"勺子"的心情。

所以，学生们都设法和"勺子"搞好关系，没有相匹配的利益输送，肉麻的言语就成了他们唯一的交换工具。每个男生都设法用语言取悦于"勺子"，以期能换得足量的饭菜。

勺子的诱惑

但大师傅的勺子通常不为所动，就像权力以前从来不为人民所动一样。他们不但不为所动，还往往故意剥削你，眼看着满满一大勺子兜了上来，而且还带着一大片诱人的肥肉，马上就要到你的碗里了，你正翘首以盼时，他却突然将手一抖，一大勺子的希望顿然就泡汤了，连同那片大肥肉又一同滑回了锅里。

而对于有些女生，情况就分外不同。记得当时我们班上有几个漂亮的县城姑娘，打扮得也好看。她们和学生食堂的大师父们打得火热，碗里的菜就受到了"勺子"的格外照顾和优待，时间不长，就把她们滋养得越发美丽动人。

发展到后来，她们甚至连到窗口排队打饭也不用了，在一大堆男孩艳羡的目光里，她们还能径直走进"小窗口"的内部去盛饭。这一进一出的优越和特权，当时不知令多少忍受着各种"饥饿"的青少年朋友的身心受到打击和伤害。

同样的情况还发生在大学的学生食堂里。记忆中，读大学时，有个经管学院的美女同学，人很漂亮，一走路都能刮倒一大批色眯眯的目光。她去食堂打饭，人未到，如花的媚笑先递过去，把食堂大师傅引诱得心花怒放，以至于在给她打饭时，无视众多不平等的目光，恨不能把整个大锅都献媚给这个女同学，想想都觉得有意思。

瓢把子上的权力

在重庆的袍哥江湖中，掌握权力的大哥级人物都被称为"瓢把子"。"瓢把子"就是老大，也叫舵爷。在民间，称呼一个地方的小头目都唤作"舵爷"。

舵爷掌握着生活资料的分发大权。

瓢，在"票"的后面加上个"瓜"。"瓢"和"嫖"虽然是不同的字，但显然造字的逻辑却是一样的。

在过去，民间不用金属的勺子，一般都是用瓜瓢。用瓢盛水，也用来盛饭。后来，引申来引申去，大家就把掌握着食物权力的人物统统称作"瓢把子"。

"瓢把子"其实是一个很古老的称谓，也是江湖黑话。隋唐好汉都统称"瓢把子"，那个和秦琼关系比较瓷实的单雄信就是五路绿林的总瓢把子，而王伯当则是南路绿林的瓢把子。

在江湖上，瓢把子是指称首领、老大。考察这一称谓的来历，其实来源于负责给广大民生"打饭"的人。他们都是普通生民生存的"票据"，掌握着兄弟生民们的口粮。

食物的苦酒

其实，权力的起源和诞生本身也是这么来的。

在旧石器时代，也就是历史教科书上告诉我们的原始社会的大同时代，那时没有阶层，没有阶级，因此也没有这人世的权力。在群居时代，原始人类主要靠采集和渔猎为生。当时的自然食物资源相当丰富，人类只需要伸伸手，就能获得足够的食物。

即使他们群起围猎，也是大家一起干活，一起休息。打完猎，大家一起吃肉。吃饱了，不饿。饿了接着采集、接着打鱼和捕猎，生活相对朴素简单，没有那么多的物质需求。有关资料表明，那时期的食物多得足够每个人悠闲幸福地享受一生，既不用为今天的食物发愁，也不用为明天的饥饿担忧，过着无政府时代权力真空的淳朴生活。

不过，有时候食物太丰富了也不是什么好事儿。原始人类后来遇到了生态环境被破坏的事儿，采集和围捕来的食物太多了，一顿饭吃不完，就要把它们储藏起来。对于那些还活着的野猪什么的，人类就会把它们圈养起来。

这样，便产生了社会分工，就需要有人负责储藏，有人负责圈养，剩下的人继续采集和打猎。

有了社会分工，就意味着要对现有的食物进行重新分配。有了食物的分配，就产生了相对应的分配制，而最早负责制定实物分配办法和分配食物的那个人，慢慢发展成了酋长。

有了酋长，就有了管理机构，就有了阶层。有了阶层，慢慢就有了阶级。从此，便产生了权力，自从有了权力，人类社会便越来越不可避免地复杂起来……

所以说，某种程度上，是食物滋生了权力。

大排档，味觉的自由放牧

接连下了几场雨，路边的野草犹如青春期的少年，开始毫无节制地野蛮生长，并带动了路边的草坪也萌发了生长的冲动，就像夏夜的大排档，在深夜的都市街头，不约而同又争先恐后地长满大街小巷。

盛夏的深夜，如果没有大排档，一个都市无疑是孤独的。不过，有了大排档的都市，灵魂似乎又是游离的。

一到晚间，三三两两或饥饿或孤独的胃牵引着无数个游离的夜游魂，在都市的草原上寻找着充饥的野草。这个深夜的排档，就如草原之上的牧者，在放牧着那些晚间饥饿而飘散的灵魂。

大排档的自由式生长

大排档，原称"大牌档"，将固定摊位的大号牌照裱装悬挂，因而得名。现代意义上的大排档最早发端于"二战"后的香港。当时百废待兴，开始有人在街边设置路边摊出售熟食，由此一发而不可收，迅速风靡华人生活圈。

发展到现在，全国各地都有大排档，风格各异，味道也千差万别。说是大排档，其实就是各类小吃的民间集会，风格各异，味道也千差万别，充满了鲜明的地域色彩。但在此之中，唯有花生毛豆却是各门各派都有的。分着装也好，拼一盘也罢，不管怎么拼，花生和毛豆都应该算是大排档的灵魂，就是那定盘的星。

不管是喝燕京啤酒、青岛啤酒，还是喝哈尔滨啤酒、雪花啤酒，还是喝蓝带啤酒、百威啤酒、喜力啤酒、卡罗纳啤酒，花生和毛豆都能配合，还都是那个味儿！

花生和毛豆被食客们评为最没意见、最体贴人、也最畅销的菜品。

从这个意义上说，大排档从诞生的那一天起，就跟花生和毛豆一样，属于不受条框限制的野蛮式生长，充满了自由贸易区的产业属性。

北京簋街的消夜大排档

北京的大排档盛行于簋街，作为北京大排档的代表，广大人民群众普遍把簋街理解为"鬼街"，这个鬼字应该说是簋街的灵魂。从行政管理的角度上来说，二十世纪九十年代末期，簋街还不像现在这么规范，喧闹和嘈杂却始终如一。那时候的簋街，几乎清一色全是大排档，各种桌子板凳占据大街，散落在东直门内小街两岸，自由而放纵。

簋街的成名依赖四仰八叉的小龙虾，麻辣地堆满一大桌，引领着京城人士的味觉江湖。进而，也使簋街闻名于国际江湖，更造就了诸如花家怡园、金鼎轩、金簋小山城、胡大这样的餐饮流行店面。一时间，簋街几乎成了北京消夜的代名词。

簋街之鬼，非常形象，一到晚上，在灯红酒绿的映衬下，那些各种饥饿的身影和面孔鬼魂般出没，像羊群在草丛中放牧。因此，也就有了各种狼的出没，他们在一个个靓丽的晚上共同演绎着狼与羊的自由对话。

大宋汴梁的夜市

其实，最古老的大排档起源于宋朝。据《东京梦华录》等诸多宋人笔记记载，在当年东京汴梁的瓦肆里，在汴河的北岸，大排档像宋仁宗的朝廷，自由而浪漫。有胡辣汤，羊肉汤，小笼包及武大郎式的各种炊饼馒头，南食、北食一应俱全。

在大相国寺门前的大街和东边巷道，一至晚间，灯火通明，给柳永和妓馆的姑娘们提供了无限的享乐之地。满大街的小吃，随便撺掇条凳子就能吃到万国的美味儿。

历史其实都没什么新鲜，当年的景象和现在也没什么两样，只是换了不同的朝代包装而已。即使到现在，在开封古城的鼓楼大街，夜市小吃依然光怪陆离，蜚声古今中外。而东京的大排档也像历史的烛光，熏染着中华美食的灶台。

消夜是经济繁荣的晴雨表

大排档，是跟喧嚣与嘈杂分不开的。由于受卫生条件所限，加之生意繁忙，大排档在安抚孤寂灵魂的同时，也滋生着各种不安。因此，无论哪个时代、哪个地方的政府，还是东城簋街的街道办，以及全国各地的城管，都把治理大排档当作一项重要任务来抓。

因此，全国各地，古今中外，都在不断上演着"城管"与大排档的冲突事件。但最后都抵不过人民大众的欲望狂欢，在拉锯般的斗争下，今天的大排档在相对规范的场所里蓬勃发展着。中国香港、新加坡都开始保护大排档，香港地方政府还把本地的大排档当作物质文化遗产进行申报，以便进行重点保护。

北京簋街亦然，虽经多次欲取缔，但到现在，心随境迁，似乎又拿簋街当作了一张美食名片来宣扬。这一点和宋朝是一模一样的。

据《东京梦华录》载，为满足市民夜生活的延长，原先坊市制下长期实行的"夜禁"也自然而然取消，东京城里出现了"夜市""早市""鬼市"。各种店铺的夜市直至三更方尽，五更又重新开张；如果是热闹去处，更是通宵不绝；而有的茶房每天五更点灯开张，至晓即散，谓之鬼市子。

历史恍然相对，令人唏嘘！

大宋王朝虽然武功弱不禁风，城管不力，但恰恰正是因此才使市场的空气无比自由开放。因此，看一个城市的市场经济和文化思想是否活跃，只需于晚间到大街上走一遭就知道了。

凡是夜色迷离、灯火阑珊的，经济活跃度一定差不了！

第六部分 ——

食物的历程

食物，作为一种意识形态属性相对微小的客观物质，它和阳光、空气一样，对所有生命一视同仁，不偏不倚地滋养着每一个族群的生命，也记录着人类的行为和活动。

　　食物不会说话，因此，它就像一块化石，客观而生动地反映和描述着人类的痕迹。

　　每一种食物的演进与变迁，都像是一部大历史。

醋是怎么走上餐桌的

中国的食醋是经过一个漫长的历史过程演化而来的。

古代，醋被称作"酢"①、"醯"②和"苦酒"。无论称作什么，仅从字面就能清晰地看出，醋的产生显然和酒有着紧密的联系。

酸比醋早

在醋产生之前，就已经有酸味了，可见，作为五味之一的酸味，比醋的形成年代要早。但无论是"酸"字，还是"醋"字，还是"酱"字，还是医术的古体"醫"字，都带着一个"酉"字。

这说明，无论是醋，还是酱油及古代的医术，都起源于酒，

---

① 酢（cù）：同醋。

② 醯（xī）：古时称醋为醯。

或者说，跟酒都有着紧密的渊源。具体来说，酒的出现要比酸早，酸味的出现要比醋早。在古人类还没有学会酿醋之前，就有了酸味和酒。

《尚书·说命下》记载：

> 若作和羹，尔惟盐梅。

在那个时代，咸味是靠盐获取的，而甜味和酸味是靠梅子获取的。在当代的酿醋行业，业界有一种"尧制酸、周酿醋"的说法。这从另一个侧面说明，在醋没有酿造之前，上古的人们已经熟练掌握酸味了。

因此，欲考察醋的来历，必先弄明白酸味的来历。如果没有对酸味的需求和了解，人们就不会发现醋。换句话说，正是因为人类对酸味有了广泛的需求，人们才在日常的实际生活中逐渐发现了醋。

那么，酸味是怎么来的呢？

嚼蚁而酸

食醋是从"嚼蚁而酸"开始的，逐步演变为植物取酸，最后再发展到粮食酿造，这一过程大概经历了两千多年。

相传，上古时代的先民们获取酸味是靠"嚼蚁而酸"来获得醋味的，即用蚂蚁当"醋"。

蚂蚁食性很杂，肉食和素食皆食，尤喜酸甜食物，主要以储藏的种子，培养真菌或收集蚜虫及介壳虫体上的蜜露作为主要食料。因此，蚂蚁分泌出的液体，味酸可食。"嚼蚁而酸"就是利用蚂蚁分泌出的液体取酸。

如今，西双版纳地区的傣族人家仍然保留用黄蚂蚁卵或黄蚂蚁做醋的习惯。

后来，上古的先民们发现了植物酸。今本《竹书纪年·帝尧陶唐氏》记载了这样一种植物：

> 又有草夹阶而生，月朔始生一荚，月半而生十五荚，十六日以后，日落一荚，及晦而尽，月小则一荚焦而不落，名曰"蓂荚"[①]；一曰"历荚"。

白话文的意思是：帝尧时，有一种奇异的小草生于帝庭，小草由每月的头一天开始，每日生出一片叶子，十五天后，每天落一片叶子，至月尾最后一天刚好落尽。如果此月为小月（少一天），最后的那片叶子就只凋零而不落下。帝尧奇之，呼为"蓂

---

① 蓂荚（míng jiá）：古代传说中一种象征祥瑞的草。

荚"，又名"历草"。 人们认为正是象征祥瑞的草。《白虎通义·符瑞》也有类似记载：

> 蓂荚者，树名也，月一日一荚生，十五日毕，至十六日一荚去，故夹阶生，以明日月也。

这种植物除了用作日历计时外，还有一个重要用途，即可当作调味品使用。东汉人应劭所著《风俗通义》一书对蓂荚做过考证。他说：

> 古太平蓂荚生阶，其味酸，王者取以调味，后以醯醢代之。

按照应劭的记载，在食醋出现之前，人们已利用蓂荚的酸味调制味道了。

蓂荚生长在山西南部的临汾地区，即尧帝生活的地区。

据清代乾隆年间纂修的《临汾县志》记载，当年此地还有一古迹名曰"蓂荚亭"，在"县西南十里伊村里，尧时蓂荚生于庭"。

可见，在周代以前，山西临汾一代的先民就已经调制酸味了。不过，这在当时应该还只是一种用酸性植物获取酸味的方法，还称不上是有意识的酿醋行为。

其实，在我国广大的地区，酸味植物的品种有很多，如酸枣、山楂、柠檬、梅子等，不胜枚举。

古代各地的先民就是利用这种酸性植物来获取酸味并调制菜肴的，至于我国古人从什么时候开始主动地酿醋，请看下篇……

醋是怎么被发现的

杜康酿酒，其子造醋

传说醋是由杜康的儿子黑塔发明的。

杜康，我们都知道，是中国古代传说中的"酿酒始祖"，据《说文解字》记载，杜康始作秫酒。

杜康，又名少康，夏朝人，是夏朝的第五位国君。因杜康善酿酒，后世将杜康尊为酒神，曹操的名句"何以解忧，唯有杜康"中所说的杜康就是以酒神指代美酒。

话说杜康的儿子黑塔，从小耳濡目染，跟着父亲也学会了酿酒。

在日日的酿酒过程中，他觉得将酒糟全都扔掉实在可惜，就把酒糟存放了起来。这一存放不要紧，等到二十一天过后突然想起来，再去打开的时候，一股从来没有过的清香气味扑鼻而来。

他禁不住味道的诱惑，便尝了一口，一尝便发现味道酸酸甜甜，十分爽口，就把这个浆液收集起来，作为调味品使用。

这就是传说中醋的由来。

后世把这个酸甜的浆液写作"醋"，就是指在"酒糟"的基础上继续发酵二十一天而获得的液体。一个"酉"字，加上"二十一日"的会意，这便就是"醋"字的由来。

因此，在民间有"杜康酿酒，儿造醋"的说法。

这个传说显然有一定的道理。

不过，在中国的食醋之乡山西，关于醋的由来，还有另外一种传说。

酒发酵而成醋

在汉文帝之前，醋被称之为"醯"，醯则成于商朝。

在周代，就有"醯人"这一官职。据《周礼》记载，"醯人掌五齐、七菹"。所谓"五齐"是指中国古代酿酒过程五个阶段的发酵现象。所谓"菹"，就是腌菜和泡菜。

那么，"醯"是怎么来的呢？

相传，商纣王为给宠妃妲己治病，在都城朝歌修建"摘星楼"，以供摘取亚相比干的七巧玲珑心给妲己吃。但吃食人心需要用山泉水和高粱酒做引子，商纣王便下令天下的臣民向朝廷进献高粱酒。

晋阳之地的官员为了献媚，便将出产于晋阳西南四十里吕梁山下汾河岸边的高粱酒上供给朝廷，命制酒工匠日夜兼程赶往朝歌。

不料想，由于山高路远，加上又逢大热天，未出太行，负责运酒的工匠们就中暑病倒了。经此耽搁，加上酷热，不几天，就觉得从瓮里散出的酒味不是酒味，众人以为酒味变质，全都吓得魂不附体。一路同行的人自知犯下大罪，都逃命而去。

其中一位酿酒师，本也想逃走，但想想要将亲手酿造的美酒丢弃，又有些舍不得，便想着带一些走。没想到待他打开酒瓮，竟闻到一股撩人的醇香味儿，远比酒味儿更浓厚。

一尝之下，还很酸甜，酿酒师不免心中大喜，逃回家后，便将这"发霉的酒"送给邻居们品尝鉴定，众邻居皆说味美。

众人食用了一段时间，不但无害，还发现这"发霉的酒"竟然还有治拉肚子的效用，还能增加食欲。加在饭食之中，更是美味。其中之酸效，比用蓂荚调味好上万倍不止。

山西人为什么叫老西儿

晋阳的官员闻之，便复又献之于商纣王。妲己品尝之后，"唏嘘"不止，酸得要命，便问官员这"酒"的名字。那官员灵机一

　　　　　　　　　　　历史的味觉

动，便把这"发霉的酒"称为"唏"。

书记官在记载时，临时造字，结合形音、会意，把这个液体饮品写作"醯"。这就是醋最早被称为"醯"的由来，也是山西人被称为"老西儿"的由来。

到了西汉时期，陈平、吕勃诛杀吕后党羽，拥立长于晋阳的刘恒为汉文帝，"醯"随之成为汉宫的指定贡品。

汉文帝当政时，晋阳官员照例送贡给朝廷时，被汉文帝的生母薄太后召见。薄太后本是晋人，自然喜欢家乡的物品特产，但听到宫女们把这东西唤作"老醯"，心里十分不舒服，便想着换个名字，以取代"醯"字。

一位博士想了片刻，那年是癸酉年，那天又是腊月二十一日，将年月日一合，就造出了"醋"字。这个"醋"字又恰好暗合将酒发酵二十一天而成的意思。

汉文帝闻之大悦，御笔亲书了一个大大的"醋"字，并命人将这个"醋"字贴在盛"醯"的坛子上。从此，"醯"就不再称"醯"，而称为"醋"了。

这就是醋的由来。

酒是醋的前身，醋是酒的来世

酒醋同源

在酿醋界流行着这样一个说法：会酿酒的不一定会酿醋，但会酿醋的肯定会酿酒。这句话表明这样一个事实：酒醋同源，酒是醋的前身，醋是酒的来世。同时，它们都拥有着一个共同的母胎，那就是粮食。

粮食经过人间的蒸煮煎熬，被赋予一个生活在别处的生命和灵魂，那就是酒，所以说粮食又被称为酒神或酒魂。然而，酒如果想要再涅槃为醋，还需要经历更多的磨难。

就像《西游记》里的孙悟空，作为一个石胎，他经历了人间的游历学艺，再经过炼丹炉的烧炼，方成为齐天大圣。这才只是他进入神界的第一层，这个时候的孙悟空只能算初出茅庐。

后来，他跟随唐僧，经过九九八十一难的煎熬，方才成佛。

这和老陈醋的酿造手法如出一辙。酿造老陈醋也必须经过"夏伏晒，冬捞冰"的长期磨炼才能换来经年的醋香。因此，从某种程度上说，老陈醋是酒的最高级，不经一番寒霜苦，哪得醋味扑鼻香？

这和人生的造化是一样的。不在人世的炼狱里经历煎熬，哪会收获天堂的神仙姐姐和鲜花？

故此，醉酒之后，最好再喝一杯醋，你就能体会到天堂的曼妙了。

醋乃苦酒

在古代，人们原本把醋称为苦酒。一个苦字，道出人间多少沧桑不平事？实际上，醋最初只是变酸的酒类，因此略带苦味，所以被称为苦酒。

在过去，古人还把苦酒作为中药使用。

南朝时，著名的医学炼丹家陶弘景说："酢酒为用，无所不入，愈久愈良。以有苦味，俗呼苦酒。"

从现代生物学角度看，醋的酿造是这样的一个过程：先使淀粉经酶的作用分解成糖，糖经过酵母的作用发酵成酒。酒再在醋酸菌和乳酸菌等酸菌的作用下氧化成醋酸。

部分醋酸还可以在适宜的条件下与醇结合而产生酯，从而，赋予食醋以浓郁的香气。这就是食醋的生成原理。

基于这一基本原理，在实际的生产实践中，人们既可利用富含淀粉的粮食作物、蔬菜等为原料制醋，又可利用富含糖分的糖蜜和水果等来做醋。同时，也可利用酒或酒糟为原料来做醋。

这三种不同途径做醋手法的区别，仅仅在于工艺过程环节的多少和长短。

因此，从工艺上说，只要有酒，就能抵达醋的核心。

在日常生活中，古人们经过日积月累的观察和实践，竟能发现这么复杂而精妙的化学原理，足见古人的智慧和世界的奇妙。

酒是先知

人类文明总是不约而同地走向同一个山顶。正如西方现代科学家所说的，当他们经历一番艰苦卓绝的攀登最终到达山顶时，他们发现古老的东方哲人早在那里等候他们多时了。

人类文明其实就是一座山峰，有人从这边爬，有人从那边爬。

当中国的古人在酒和醋的世界里寻找着文明的密码时，西方的人民也在另一个山坡上探寻着醋的芳香。

据传，西洋醋诞生于五千年前，在古老的巴比诺利亚，人们就已经开始使用椰树的树液、果汁及葡萄干酿酒，再经发酵制成醋。由于椰枣树液的甜度较低，人们摘下成熟的果实，晒干，制成浓稠的糖浆，在《圣经》中称为蜜。在蜜中添加葡萄酒发酵液作为菌种，就能制成酒，由酒再制成醋。

醋在英文中称为 vinegar，来源于法文 vinaigre，意思是酒（vin）发酸（aigre）的产物。由此可知，西方"醋"这个词的本义就是指酒的酸败。这和中国有关醋的传说不谋而合。中国古代"酉"即"酒"，"酉"再经过"昔"日的行走就变成了"醋"。因此，中国就有了"酉"经廿一日而成"醋"的说法。

可见，在人类生存的道路上，对生活原料的发现和掌握都属于人类不约而同的共同认知。

在远古时代，当人们发现酒酸败可以变成一种优良的酸味料时，就有意地使其酸败，以此来制取酸味调料。中世纪的英国人将以酒为原料来制取的醋称之为 vinegar，将以啤酒为原料制取的醋称之为 alegar。但英国人把所有酿造醋都统称为 vinear，而合成醋却不能称为 vinear，而改叫 artificgar 或叫 imination vinegar。

总之，醋是以酒为原料制取的，这是早在远古时代东西方的祖先就达成的共识。故此，从某种程度上说，酒仿佛是醋的先知，也是人类不断探索发现食物的先知。①

---

① 醋系列文章在写作过程中，笔者得到了山西省清徐县酿醋厂的大力帮助，大量文献材料来源于厂方的博物馆和档案馆，在此特别鸣谢。

灯红酒绿说酒事

为什么说酒是绿的

我们习惯用"灯红酒绿"批评寻欢作乐的腐化生活，也适当地用来暗示都市生活的繁华和热闹。

可是，酒有白的，有红的，也有黄的，还有黑的，为什么这些颜色不用，不说灯红酒白，也不说灯红酒黄，偏偏把它说成灯红酒绿？

它究竟是什么含义？它指的是绿颜色的酒吗？还是绿色的杯子？

"灯红酒绿"这四个字出自吴趼人写的《二十年目睹之怪现状》，在第三十三回《假风雅当筵呈丑态　真义侠拯人出火坑》一章中，几个人在妓院里商量给人送什么样的字画时，洋买办玉生说了这么一段话：

玉生道："这更有趣了，画画难求人，还是想几个字罢。"

说着，侧着头想了一会道："'灯红酒绿'，好吗？"

本来很雅致的"灯红酒绿"四个字，就此被堕落成和风月场所牵连到一起。

把酒说成绿的，并不是文学史上的个例，在古典文学的诗歌中，绿酒原本是个很诗意、很雅兴的诗歌意象，历代文学家和诗人争先恐后地使用它，譬如我们最熟悉的唐代大诗人白居易在《问刘十九》一诗中就用得很别致：

> 绿蚁新醅酒，红泥小火炉。
>
> 晚来天欲雪，能饮一杯无？

白居易用了"绿蚁"二字，很含蓄，但到了杜甫这里就比较写实了。杜甫在《对雪》中说：

> 瓢弃樽无绿，炉存火似红。
>
> 数州消息断，愁坐正书空。

他很直截了当地用"绿"字代指酒。这种用法不仅唐代的诗人用，宋代的词人对此也乐此不疲，纷纷把酒的绿意带到新的诗歌样式里。晏殊在《清平乐》中就把它写得分外艳丽。他说：

> 绿酒初尝人易醉，一枕小窗浓睡。

男诗人用用也就罢了，女诗人也用，而且用得比男诗人还上瘾。这样的雅事自然少不了李清照。一生饮酒无数的她写起"绿酒"来可比男人们走心多了。她不止一次地写到绿酒，最具代表性的是《行香子·天与秋光》里的这句：

> 薄衣初试，绿蚁新尝，渐一番风，一番雨，一番凉。

看来，以绿喻酒是诗词人的共同爱好，那么，是诗词人的想象力好，还是古时真的有绿色的酒？

世间真有绿酒吗？

据《说文解字》及《辞海》载：绿蚁其实是古代的一种酒。新酿的酒还未滤清时，酒面浮起酒渣，色微绿，细如蚁，称为"绿蚁"。可见，古代确实有这么一种绿酒，通常情况下，古人把这种绿色的酒唤作醽醁[1]。

明代医学家李时珍在《本草纲目》的酒部中注释说：

酒，红曰醍[2]，绿曰醽，白曰醝[3]。醽，即是绿酒。

东晋著名道家葛洪在他的《抱朴子·嘉遁》记载说：

藜藿嘉于八珍，寒泉旨于醽醁。

可见醽醁这种绿色的酒早在晋代就已经非常有名了，同时期的曹摅在《赠石崇》诗中也写到过这种酒：

饮必郪绿，肴则时鲜。

另据唐代大诗人柳宗元记载，唐太宗时期的左丞相魏徵特别擅长酿造这种绿酒。他酿的酒有两种：一种唤作醽醁，另一种唤作翠涛，而酒的颜色都是绿的。据说，唐太宗李世民对他的这种

---

① 醽醁（líng lù）：古代的一种美酒。

② 醍（tí）：本义为较清的浅赤色酒，也指最精纯的酒，常用作醍醐。醍醐：古代指从牛奶中提炼出来的酥油，佛教喻最高的佛法。

③ 醝（cuō）：本义指白酒。

绿酒赞不绝口，专门写了一首《赐魏徵诗》来赞美这种酒：

醽醁胜兰生，翠涛过玉薤。

千日醉不醒，十年味不败。

正是有了这种背景，绿色之酒被诗人们广泛用于诗词之中。最著名的是千杯不醉的酒仙李白，他在《暮春江夏送张祖监丞之东都》的序中说：

至於清谈浩歌，雄笔丽藻，笑饮醁酒，醉挥素琴，余实不愧於古人也。

可见，他对绿酒的喜爱溢于言表，而且对于豪饮这种绿酒还非常自信，几乎自认为是前无古人的架势。唐昭宗时期的诗人尹鹗在他的《拨棹子》词作中也提到了这种绿酒：

银台蜡烛滴红泪，醁酒劝人教半醉。帘幕外，月华如水。

当然了，又喜欢喝酒又喜欢作诗的宋朝诗人显然不会错过这种饮酒作诗的雅事。一生嗜酒如命的宋朝诗人苏舜钦也把能畅饮绿酒当作人生之中一大快事。他在《秋宿虎丘寺》中写道：

历史的味觉

白云已有终身约，醁酒聊驱万古愁。

从此可以看出，绿蚁、醁酒都是绿色美酒的雅称，后来，经过演化，与此相近的还有醁波、醁醅、醺醁，说的其实都是这种绿色的酒。

那么，问题来了，为什么这么多文人雅士都这么迷恋这种绿色的酒？它好喝吗？究竟好喝在哪里？它又产自哪里？这么好喝的酒，为什么今天难以寻觅了？

在这种绿酒消散的背后，又隐藏着怎样的历史迷局？

绿酒古意今何在？

绿酒是如何酿造的

这么好喝的醽醁美酒究竟是如何酿造的？为什么现在几乎消失了呢？说起绿酒，得从它的原产地说起。

关于醽醁酒的产地，大多数文献记载说它产自衡阳县的酃湖。郦道元的《水经注》记载说：

酃县有酃湖，湖中有洲，洲上居民，彼人资以给酿，酒甚醇美，谓之酃酒。

《广韵》记载说：

醽为渌酒，则以醁为清酒矣。衡阳县有酃湖，今之酃县也，土人取其水以酿，晋武平吴荐酃酒于太庙。

也就是说，这种酒还被作为祭品上供给祖先太庙。可见，此酒非同一般。南朝时期的盛弘之在他的《荆州记》里也有关于此酒的描述：

渌水出豫章康乐县，其间乌程乡，有酒官取水为酒，酒极甘美。

从各种文献的记载看，这种绿酒最早产自衡阳市的酃湖地区是没有问题的。其实，关于这种绿酒的传说今天依然在当地流传：很久以前，有一次山洪暴发，到处是一片汪洋，酃湖县南九十余里的龙潭，有九条龙乘着山洪水势向北游来。其中一条小龙，因迷恋这里的风光，逗留了一些时光。

它打算离开的时候，却被峻峭的笔架峰挡住了去路。山洪慢慢退去，小龙无法藏身，只好施展神力，穿地而入，到衡阳的酃湖而出，再游入湘江找它的伙伴同归东海。从此，小龙的入地之处就成了一口泉眼，被称为酃泉或酃醁泉，俗称"龙王井"。

这就是龙王井之水与衡阳酃湖之水相通的由来。酃泉之水冬暖夏凉，清甜可口，用泉水酿出来的酒醇香纯和，回味绵长，被称为"酃醁"。后世把这种酒作为贡品敬献给朝廷。

据当地的地方志记载，衡阳酃湖位于衡阳市酃湖乡境内，汉朝初年在此设置酃县，即以此湖而名。酃县故城遗址就在湖水附近。酃湖水清冽甘沁，据传源出清泉山，附近居民汲湖水煮糯米酿酒，即古之酃醁，亦称酃酒，味极甘美，为酒中珍品。

今天的衡阳地区还生产一种叫作"湖之酒"的酒。据那里的居民说，这是沿袭古法酿制的。但从色泽上来分析，今天的"湖之酒"显然已经不是当时被作为贡品的美酒了。

绿酒是怎么演化的

在历史上，这种绿色的酒除了湖南衡阳生产之外，明朝时期，云南地区也生产一种绿色的酒，叫"杨林肥酒"。

据有关资料记载，清朝时期的杨林，东临烟波浩渺的嘉丽泽，南有苍翠巍峨的五龙山，土地肥沃、灌溉方便，又是省城昆明通往黔桂、湖广、京沪的必经之地，因此人烟稠密、商贾云集。周边的五龙山、象山不但苍翠欲滴，而且流泉飞瀑到处可见。甘冽的泉水，充足的粮食，满街的旅客，使杨林的酿酒业十分兴盛。每到秋收之后，但见百家立灶，千村飘香，偌大一个杨林，竟成为一个巨大的酿酒厂。

杨林城南有一座城隍庙，庙中原有一块巨大而又平滑的花石头，传说当地的一位叫作兰茂的人醉酒时，就爱躺在这块花石头上睡觉。有一次，兰茂醉酒后，梦见仙人指点，醒后竟酿出一种酒味特别醇厚又能滋补身体的美酒。这种美酒就是如今驰名国内的"杨林肥酒"。

兰茂何许人也？兰茂本是云南省嵩明县杨林人，号止庵，是明代著名的医药家和诗人，天生聪颖，勤奋好学。少通经史，旁及诸子百家，终身隐居杨林乡里，采药行医，潜心著述，被时人誉为"小圣"。

不过，关于这种酒的发明，在民间还有另外一个版本：一妇人想偷偷带块肥肉回娘家，正在取腊肉时，丈夫进来了，妇人情急之下随手将肉放进正在酿酒的大缸。过了几天，妇人从娘家回来，急忙去看家酿的米酒，只见酒已变得碧绿如玉，酒味醇厚芳香，一点油腻的肉味都没有。就这样，她在无意间酿出了风味独特的"杨林肥酒"。

本来这种酒的酿造工艺已经失传，后来到光绪年间，一位名叫陈鼎的商人开设"裕宝号"酿酒作坊，依据兰茂先生在《滇南本草》中记载的"水酒十八方"，制出了这种绿色的酒。

目前，云南当地还有这种绿色的"杨林肥酒"。不过，据当地的人民群众反映说，这和当年的"杨林肥酒"已经不是同一种酒了。

绿酒为何会失传

古代文人笔下美妙绝伦的绿酒为什么会失传了呢？具体分析起来，应该有两大原因：

其一，元代时期，蒸馏酒技术得以运用。时人为了提高酒精浓度，采用了蒸馏技术，传统的酿造和压榨工艺逐渐被放弃。故此，蒸馏白酒越来越多，绿酒酿造工艺逐渐失传。

第二，因为绿酒过于甜美，都是历代朝廷的贡酒，所以，历朝历代都对贡酒的酿造工艺管制得比较严格。尤其在宋朝时期，酒政极其严格，各地的酒官都是由朝廷直接派驻。宋朝法律规定：不许民间私人酿酒，私自制曲五斤即判处死刑，以后虽然放宽到私自制曲十五斤判极刑，但毕竟产量有限。故此，官方垄断经营，虽然在一定程度上提高了酒的品质与知名度，但也使得这种酿造工艺作为技术机密被严加管制，民间很少能够接触得到。后来，元朝统一全国，广泛推行蒸馏白酒，极少数掌握传统绿酒酿造工艺的技工相继老去，古法酿造技术也随之消散。

元代之后文人的诗词文章就很难再见到关于绿酒的记载了。这对民族非物质文化遗产来说，不能不说是一场伤叹。

一盘花生米在人间的漂泊

现如今，不管什么宴席，只要喝酒，弄一盘花生来下酒几乎已成酒场惯例。对于喝酒的人来说，如果今天这一桌没有花生，就可能会生生少了一半的宴饮之悦。夏夜的大排档，水煮花生俨然成了喝啤酒的标配，而且一定要带壳的。

其实，在中国历史上，很少看到古人拿花生米下酒。尤其是北宋的江湖好汉用来下酒的，清一色都是牛肉。一进酒馆，人还没坐下，扯着嗓子先把牛肉喊上来："小二，切二斤牛肉，好酒好肉只管上。"其实，不唯江湖好汉不用花生米下酒，在《金瓶梅》里，就连花花公子西门庆似乎也不屑于用花生米下酒。

那么，古人为什么不用花生米下酒？花生米从什么时候开始成为我国民间的全民性下酒菜的？在用花生米下酒的背后，又隐藏着怎样的历史玄机和叹息？

花生到底从何而来?

按照目前普遍认可的说法,花生本不是中国的原产物种,而是大航海时代从美洲传来的。不过,也有学者认为中国也是花生的原产故乡。持这种观点的主要有三点依据:

一、1958 年人们在浙江吴兴钱山漾原始社会遗址中发现了两粒花生种子,种子已经完全炭化。现在,这两粒炭化的种子还在浙江博物馆存放着。

二、1961 年人们在江西修水县山背地区原始社会遗址中挖掘出了四粒完全炭化的花生粒。

至于这六粒花生化石究竟是不是花生,专家们一直争论不休。

三、就在双方争执不下时,1981 年,《农业考古》杂志又报道说广西宾阳县双桥村出土了距今约十万年的花生化石。这一发现非同小可,一下子把全世界的农业科学家们都惊动了,纷纷通过各种渠道来信询问此事的可靠性,就连全球最顶尖的科学家李约瑟也给予了关注。

美国奥立根大学地理学教授约尼逊先生听说后,专程跑到中国来实地考察。约尼逊教授长期从事美洲作物传入亚洲的时间研究,他一直在寻找美洲作物传入中国的具体时间的佐证。

不过,后来经有关专家分析,大家认为这些花生化石很像后来给小孩子做的石头花生玩具。

令人失落的是，在中国三千多年浩瀚的历史文献和文学作品及农学著作里，我们几乎找不到关于花生的文字记录。

但也有人认为，古代文献中所述的"千岁子"应该是中国的原产花生，如西晋时期的草木学家嵇含曾经写过一本《南方草木状》。其中有关千岁子的记载说：

> 千岁子，有藤蔓，子在根下，须绿色，交加如织，其子一包恒二百余颗，皮壳青黄色，壳中有肉如栗，味亦如之。

唐代段成式在《酉阳杂俎》中也有类似的记载：

> 又一种形如香芋，蔓生，艺者架小棚使蔓之，花开亦落土结子如香芋，亦名花生。

据考证，这里所说的"千岁子"更像是香芋。由于千岁子和香芋都是蔓生植物，果实和花生比较相似，古人把它们混淆了也是有可能的。

尤为重要的是，自此之后的一千多年里，竟再也没有与花生有关的记载。就连天天喝酒的李白、苏东坡等文人也没有写下有用花生米下酒的文学作品。

花生是怎么走进中国的？

从今天的各种考据来看，基本已经可以确认，花生不是中国的原生物种。它和玉米、红薯一样，都是美洲的原产物种。后来，随着大航海时代的开启，全球的商贸交流被打通，花生便和玉米、红薯、辣椒、烟草等物种一起从美洲出发，走向全球。

那么，花生究竟是怎么传入中国的呢？这就要从哥伦布发现美洲新大陆说起。

1492 年，哥伦布的船队到达美洲，在那里发现了花生。随后，船队继续向西，到达亚洲，自此便将欧洲大陆、美洲大陆和亚洲连在了一起。

大约在 15 世纪末，花生传入南洋群岛。这个时期，中国尚处于明朝。由于此前郑和的船队早已打通中国与南洋、南亚甚至与非洲、中东的连线，明朝与南洋各方的联系非常紧密。因此，花生等美洲农作物便从我国的东南沿海陆续登岸。

从明朝后期开始，关于花生的记载陡然多了起来，而且各种记录也非常详细。如万历年间的《仙居县志》记载：

落花生原出福建，近得其种种之。

在明朝的弘治年间，江苏《常熟县志》也有关于落花生的记载：

> 落花生，三月栽，引蔓不甚长，俗云花落在地，而子生土中，故名。霜后煮熟可食，味甚鲜美。

明朝著名科学家徐光启在他的《农政全书》里也有关于花生的记载：

> 开花花落即生，名之曰落花生，嘉定皆有之。

可见，花生最早都从东南沿海登陆，并逐渐普及开来的。中国的花生主要有两种，按个头来分，分大花生和小花生。传统上认为东南沿海引种的是由南美洲传入的小花生。那么，大花生又是从何而来的呢？

这是三百年以后的事了。有关历史文献记载，到了十九世纪中后期，北美洲的大花生开始从山东进入我国。金陵大学的农业试验报告记录了这一过程：

> 山东蓬莱县之有大粒种，始于光绪年间。是年大美国圣公会副主席汤姆逊自美国输入十瓜得大粒种至沪，分一半于长老

会牧师密尔司，经其传种于蓬莱。该县至今成为大粒花生之著名产地。邑人思其德，立碑以纪念之，今犹耸立于县府前。

因为在大花生引入之前，小花生早已在中国种植。而此时，正是洋务运动兴起之时，所以当时的人们习惯把大花生称为"洋花生"。

花生的传入，显然和西方的传教士密不可分。从现有史料来看，中国后期的外来物种基本都由传教士引入，而且还不止一人。传教士像流动的风和水一样，将农作物的种子带往各地。

花生为何能成为下酒菜

花生之所以能够和玉米、红薯、烟草一样快速地在中国传播开来，显然因为它们自身的生长逻辑和它们迎合了中国当时的社会环境。

每一个物种的流转繁衍，在异乡的土地上落地生根都不是无缘无故的，都有它们生命的逻辑和入世的道理，花生也一样。

相对来说，花生的生命力比较顽强，对土地的要求不是那么严格，只要不是盐碱地，给块土地就能存活。花生秧苗的根部有许多根块，这些根块是一种根瘤菌，它们能够捕捉到空气中的氮素，并合成秧苗生长所需的氮合物。根瘤菌是需氧性细菌，需要充足的氧气进行呼吸，才能从空气中固定氮素。因此，花生最适合在沙地种植。

另外，花生苗的自我水分保护意识比较强，它肥厚丰满的叶片可以锁住水分，同时它的自我控制力也比较强，一到晚间，它的叶片自动闭合，进入睡眠状态，白天再打开，参与光合作用。这种能力叫作"睡眠性生长"。

正因为这些先天性的物种基因，它能够广泛地在各种环境下生存。而中国当时的土壤条件、经济条件和社会条件正符合这一点。据清光绪年间编纂的《南宫县志》记载：

自光绪十余年来，花生之利始兴。

另据 1920 年有关专家对濮阳的一个村庄调查显示：

由于该村土地为沙地，一等的土地种植谷类每年每亩所得收入不过五元，种花生则能获利 9 元以上。至于下等土地，因谷类不生，长期荒芜，结果种上花生，每年可赚得 2 元。

正是得益于这些因素，花生迅速在中国传播开来，并走上了民间的各种餐桌和宴席。

花生走向餐桌背后的疼

在中国历史上，花生的传入显然是个标志性事件。花生在中国大地上生长，见证了中国的屈辱和国民性气节精神面貌的衰落。

花生和当年大汉王朝时期西域的物种沿着丝绸之路被引入中国大地有着本质的区别。汉唐正是中华文明的上升期。那些年，中国从西域引进的如胡萝卜、胡麻等带"胡"的作物，代表的是中国的荣光。那时的引进，叫尝鲜，是为丰富国民的味觉服务的。中国在引进这些物种的同时，也向外输出着强大的东方文明和价值观，因此，从心态上来说是强大的。

从明朝后期开始到光绪年间，美洲作物大规模传到中国的时候，正是东方文明的衰落之时。此时，伴随着大航海时代的全面展开，西方不仅给其他地区带去了欧洲的物种，也向外输送着大工业时代的文明。这时候，东方文明已经没有能力与之进行对话，只有被动地接受了。

这时候对外来农作物的引进，已经不是尝鲜，而是为了救济不堪的民生，此时的国民心态已经破落得难以站立。从"胡"到"洋"这一称谓的变化，两千年不到的时间，标志着国民精神和心态已经从自信走向了深度的自卑。

这不免是一种悲凉。更严重的是，随花生一起传入中国的，不仅仅有生民赖以糊口的玉米、土豆和红薯，还有强大的烟草、鸦片。

因此，花生替代牛肉作为下酒菜走向中国民间的餐桌，标志着晚清的国民心态早已溃败如泥，难以为继。在此种背景下，清帝国的衰落已成必然。

如今，每当吃着花生喝着啤酒感受着夏夜的寥落时，笔者的内心总是不由自主地想起当年古人"大碗喝酒，大块吃肉"的豪情，只是酒已不再是当年的酒了……①

---

① 在本文写作过程中，笔者大量参考了王宝卿、王思明两位老师撰写的论文《花生的传入、传播及其影响研究》一文。参见《中国农史》，2005 年第 1 期，第 35 页。

一只鸭子的驯化史

煮熟的鸭子还能飞？

从辽阔的天空坠落在乡村的池塘，再到被悬挂在炉火上烤制，鸭子这个族群被驯化的命运无疑书写了一场悲剧。

经典卡通片《猫和老鼠》里有一集叫《猎鸭记》，说的是汤姆猫用猎枪打下一只正在飞翔的鸭子，受伤的鸭子在杰瑞的解救下重新飞回天空的故事。

这个情节可能会超出孩子们的所有想象。如今，笨重的鸭子，如果被一双温暖的手解救，它们还能飞回天空吗？

鸭子的前身也曾是飞翔的鸟

其实，鸭子本来是会飞的，在没有被驯化之前，它们有一个诗意名字，叫"凫"。"凫"本属于天空，是可以高飞的鸭子，偶

历史的味觉

尔在大地或水边逗留，那也是短暂的栖息，大地是它们的驿站，天空才是它们的归宿。

在古人的笔下，凫是跟大雁和仙鹤并排飞翔在一起的。王勃在《滕王阁序》里是这样说的：

> 鹤汀凫渚，穷岛屿之萦回；桂殿兰宫，即冈峦之体势。

此时，部分鸭子虽然已经蜕化为"鹜"，但唐朝的文学家们还是在诗意上给了它们足够的尊重和安抚，和仙鹤并排，那能是一般的鸟吗？那时，在烟波浩渺的长江，尚有它们独处的家园。

而再往前推，它们的身份更为高贵，在屈原的《楚辞》里，它们常和大雁连在一起。屈原在《楚辞·九辩》里是这样描写的：

> 凫雁皆唼夫粱藻兮，凤愈飘翔而高举。

在《荀子·富国》里，它们也享受着不平凡的待遇：

> 飞鸟凫雁若烟海。

这个时候的鸭子，不但能和大雁并肩，还和凤凰站立在一排，这在古老的诗意里，该是怎样的高贵和荣耀？然而，在遭遇人类的舌尖后，它们飞翔的痕迹将不可避免地被迫向半空下沉……

鹜：跌落在半空中的鸭子

在天空中飞着飞着，鸭子被从大雁、仙鹤、凤凰的队伍中分离出去了。

大雁继续南飞，仙鹤乘着道家的彩云羽化升仙，凤凰们更是涅槃了，徒留"凫们"在镀金的天空里找不到位置了，不得不开始向半空跌落。

于是，它们就变成了"鹜"。鹜是什么呢？在《说文》里，鹜指的是经过人工驯化，飞翔较为缓慢的鸭子。

其实，在古代文人的笔下，它们走到唐朝的时候，早已被驯化成鹜的形态。王勃在同一篇文章里就是这样说的：

> 落霞与孤鹜齐飞，秋水共长天一色。
> 渔舟唱晚，响穷彭蠡之滨；雁阵惊寒，声断衡阳之浦。

在此，它们已经不再拥有屈原笔下充满神秘的仙境色彩。此时此景，它们飞翔图框的背后是渔舟唱晚的身影。渔民在捕鱼的时

历史的味觉

候，也在对它们实施着放牧：让它们飞一会儿，但终是要收回的。

当夕阳西下，落霞飞红，倦鸟归坻之际，被驯化的鹜们也要快快飞回到人类为它们搭建的巢穴。落霞虽美，已是黄昏。这是每一个驯化之鸟的归宿，也是它们不可逆转的命途。

其实，早在西汉时期的《礼记》里，那些飞翔在空中的鸭鸟就已经被驯化成鸭的模样了。《礼记》对它们的定义是：

> 凫，野鸭是也；鹜，家鸭是也。

在笔者童年时代，年轻力壮的鸭子还是可以飞翔的。只是，它们飞翔的距离已经非常短。所以，笔者小时候，区分鸭子和鸳鸯最好的办法就是看它们能够飞多远。能轻飘飘飞去的，一定是鸳鸯；倘只是飞动几下，就要笨重跌落的，那就是鸭子。

它们此时的飞，已经不能算是飞翔，只能算是对往昔辉煌的一次怀想。飞，并不是飞去，而是换个姿势继续跌落。

啊，这可怜的鹜们！

现实的鸭子：别笼养之

不知从何时起，鸭子不但不再飞翔，竟然连走路的姿势也变得蹒跚起来。

因此，在现代汉语语境里，蹒跚成了鸭子的代名词，想到蹒跚，就会自然而然地想起鸭子们走路一走一歪的形态。在水中，则是春江水暖鸭先知。此时的鸭子已不再被用来描绘天空，而成了测量水温的温度计。进入鸭子阶段后，鸭子的肉身逐渐沉重起来。这时候，它们被喂养的方式也渐渐被写进民间的家政版教科书里。

北魏时期的农学著作《齐民要术》专门介绍了养鸭之法：

> 雏既出，别作笼笼之，先以粳米为粥糜，一顿饱食之。

这估计是关于填鸭式喂养鸭子最科普的文字记载了。

伴随着人类对鸭子的驯化，我们在各类典章里"吃"到了各种各样的鸭子，譬如南京盐水鸭、四川樟茶鸭、山西香酥鸭、北京挂炉烤鸭、南京板鸭等。

显然，南京是吃食鸭子的天堂。晚年蛰居南京的袁枚老先生在他的《随园食单》菜谱里说：

> 烧鸭，用雏鸭上叉烧之，冯观察家厨最精。

鸭子到了北京，早已成为被强行填喂的北京填鸭了。此时，它们的命运只有一个方向：吃饱长大，被火烧烤，然后被一片片削切完毕，奉上肉食者们的餐桌……

嘴上的坚强

然而，即使它们沉重的肉身无法飞翔，但它们依然渴望讲述它们往昔飞翔的传奇。所以，不管它们的肉身被驯化得如何笨重，它们仍奇异地保留了一张坚强的嘴。冥冥之中，这就像是一个充满隐喻的象征：即使死去，也用坚强的嘴巴讲述它们前世的荣光。

一只烤鸭的流动史

每一种食物都有它行走的背影和痕迹，鸭子也是。

说起烤鸭，人们自然而然地就会想到北京烤鸭。发展到现在，烤鸭就是北京的专属称谓。

这无疑令向来有"食鸭之城"的南京无比郁闷。世事变迁就是这么玄幻和无情，随着一个个王朝政治和权力中心的更迭和转移，附着在王城之上的一切事物，包括吃食在内，也都随王朝的转移而远走他乡。

历史的剧情一直就是重复着这样的流动，烤鸭就是按着这个剧本的设计走的，以至于到今天的烤鸭，已经被完全贴上了北京的标签。

那么，原本是南京的鸭子，怎么就成了北京味道的代表了呢？

烤鸭是怎么进京的?

南京有食鸭之城的美誉。说起鸭子，没有任何一个城市的食鸭之趣能像南京那样丰厚和细腻。一到晚间，凫游于长江各水系之上的鸭子们都会自发地向厨房靠拢，以便给第二天的唇齿们提供丰富的慰抚。

南京食鸭素有传统，无论是东晋时期，还是南朝时期，都留下了大量的食鸭文献记载。在南京，鸭子的吃法不下百种。咸板鸭、盐水鸭、桂花鸭、叉烧鸭等，不一而足。不过，可能是吃法太多的缘故，又不思守护，鸭脖的美名被武汉抢走了，烤鸭的美名又被北京夺走了。好在，还有一道"鸭血粉丝汤"暂时算为南京保留了一份颜面。

想到"鸭血粉丝汤"，你还会不自觉地想到南京。那么，原本属于南京的烧鸭是怎么辗转走进北京城的呢？这显然和明成祖朱棣有关。

朱棣生于应天府（今南京），明朝建立后被封为燕王，藩地就在今天的北京。朱元璋的孙子建文帝即位后采取削藩政策，不仅监视朱棣，还欲调走他的军队。这令朱棣大为恼火，一怒之下发动靖难之役，起兵攻打建文帝，随后于 1402 年在南京称帝。

1421 年，朱棣下令迁都北京。于是，都城从南京转到了北京。

朱棣本出生在南京，又在南京做了近二十年的皇帝，他的胃口本属于江南风情。迁都北京后，也不免像赵构思念开封的小吃那样，也时常思念南京的鸭子。于是乎，他一声令下，把南京的烧鸭像文武百官一样调到了北京的皇宫。

烤鸭的前身是烧鸭

烧鸭一直是南京的传统名吃。

晚年的袁枚蛰居金陵，在小仓山自建随园，遍访名厨名吃，并记之而成《随园食单》。后世根据他的记录开创出了一个独立的菜系门派——随园菜，菜品多半以南京的饮食为主。而那道叫作烧鸭的菜在刚进入北京明成祖的皇宫时，并不叫烤鸭，而保留着当时在南京的叫法"烧鸭"。

这一点，在明宫的大太监刘若愚所著的《酌中志》第二十卷《饮食好尚纪略》里，我们可以清楚地找到，南京烧鸭的做法，和现在的北京烤鸭虽有不同，但有共通之处。

北京的烤鸭之术虽然是从南京搬迁而来的，但北京用的鸭子和南京用的鸭子显然不是一种鸭子。南京烧鸭选的鸭子主要是形体圆硕的湖熟麻鸭，既不过分油腻，又滋润、鲜美。

北京烤鸭烹制技术虽然源自南京，选用的鸭子却是北京原产的白鸭。据说，这种纯白的京鸭，在北京的生长大约有一千多年的历史。

元朝定都北京后，王公贵族们为了保持草原游牧之风，一直盛行围猎活动，时不时就要外出打猎。话说，在一次围猎活动中，他们偶然间发现了这种纯白野鸭，便将它们带回去饲养，一直延续下来，才得此优良纯种。后来，经过精心培育，遂成为今天名贵的肉食鸭种。

这种鸭子长到三十天后，便不再爱吃食。所以，人们就以填食的方式进行人工增肥，故称之为北京填鸭。元代宫廷也有喜吃鸭子的传统。这一点，我们在元代御医忽思慧的《饮膳正要》里也可以找到佐证。

今天的北京烤鸭为什么叫作烤鸭？它又经历了怎样惊心动魄的变迁呢？

从烧鸭到炙鸭的称谓变化

北京烤鸭，在清代之前唤作烧鸭，清朝后，则被称为"炙鸭"。

关于"炙"的这个烹饪手法，在古代的典籍中有清晰记载——春秋时期，吴王僚因为爱吃"炙鱼"，为此还丢掉了性命和王位。

当时，吴国的公子光，即后来的吴王阖闾为了刺杀国王而自立，特地派心腹专诸到楚国学习"炙鱼"之法，学成归来后，公子光把专诸献于吴王。

公元前515年，公子光乘吴国内防空虚，与专诸密谋，以宴请吴王僚为名，藏匕首于鱼腹之中进献，当场刺杀了吴王僚，这就是中国历史上著名的"鱼肠剑"的来历。从此可以看出，"炙"这个烹饪技术在春秋时期的楚地就已经非常成熟了。

在北京，特别流行一道吃食——炙子烤肉。大街小巷，随处可见"老北京炙子烤肉"的招牌。其实，烤肉宛、烤肉季都是这一烹制手法的传承者。

估计那时候北京大街上流行"炙"的叫法，因此，人们烧鸭也改称为炙鸭。从当时的文献材料看，大概在康熙时期，炙鸭的叫法开始批量出现在各类文章里。

康熙时期柴桑所著《燕京杂记》中就对炙鸭这种吃食进行了详细的记录：

> 京师美馔，莫妙于鸭，而炙者尤佳，其贵至有千余钱一头。

在这个时期，后来广为流传的全聚德烤鸭店还没有开张。这也从另一侧面反映出，在此之前，北京的烤鸭技术其实已经相当成熟，而且大受欢迎。因此，从京城另一家烤鸭店——便宜坊的博物馆里所收藏的资料来看，关于焖炉烤鸭始创于明朝永乐十四年的说法还是比较可信的。

"烤"字的由来

据说，"烤"这个字，是齐白石老先生独创的。关于这一点是否真有其事，著名历史学家邓拓先生专门写过一篇文章：《"烤"字考》。具体是这样写的：

> 生活在北京的人，都知道北京西城宣武门内大街有一家著名的"烤肉宛"。但是，很少有人去注意这家的招牌有什么值得研究的问题。其实，这个招牌的头一个字，"烤"字就很值得研究。
>
> 前几天，一位朋友给我写来一封信，他说，"烤肉宛"有齐白石所写的一个招牌，写在一张宣纸上，嵌在镜框子里。
>
> 文曰："清真烤肉宛"。在正文与题名之间，夹注了一行小字（看那地位，当是写完后加进去的），曰："诸书无烤字，应人所请，自我作古。"（原无标点）看了，叫人觉得：这老人实在很有意思！
>
> 因在写信时问了朱德熙，诸书是否真无烤字；并说，此事若告马南邨，可供写一则燕山夜话。前已得德熙回信，云：

"烤"字《说文》所无，《广韵》《集韵》并有"燺"字，苦浩切，音考，注云：火干。《集韵》或省作"熇"，当即烤字。

"燺"又见龙龛手鉴，苦老反，火干也。"烤"字连康熙字典也没有，确如白石所说，诸书所无。

我很感谢这位朋友，他引起了我的兴趣，也引起了报社记者同志的兴趣，他们还把烤肉宛的匾额等拍了照片。原来这个匾额的款字写着：八十六岁白石。计算齐白石写这个匾额的时候，是1946年，还在解放以前。

以此文来判断，北京关于"烤鸭"的写法，不早于1946年。也就是说，随着齐白石老人独创的"烤"字的走俏，烤肉、烤鸭之说才逐渐流传开来。到邓拓先生写这篇文章时，全北京已经将炙鸭、烧鸭的统称为"北京烤鸭"了，着实有趣。

全聚德的鸭子从何而来？

1864年7月9日，河北冀州杨家寨人杨全仁（这一点很关键）在经过了几年的积累后，终于在北京的前门大街盘下了一个小门脸，竖起了全聚德的招牌。也就是从这一天起，北京烤鸭迈出了一步步走向全球的步伐。

那么，最初的全聚德的鸭子是什么样的鸭子？它们又是从哪里来的呢？

全聚德最初选用的鸭子是正宗的北京填鸭。这种鸭子原产于北京西郊玉泉山一带，现已遍布世界各地，是世界著名的优良肉用鸭标准品种。

据全聚德博物馆馆内收藏的档案记载，当时，全聚德鸭子的主要来源地是鸭子房。所谓鸭子房，专指当时的京畿养鸭户，他们专门为京城各烤炉铺提供鸭源。也就是说，早在全聚德开创之初，这种专业的鸭子供应链就已经非常成熟了。为全聚德专门供应鸭子的供应商是专为宫廷御膳房供应鸭子的东来记鸭子房，俗称"鸭子来"。

另据档案记载，养鸭户来家自道光年间就开始养鸭，并探索出了一套母鸡孵鸭、填鸭饲养、种鸭御寒的方法，培育出了当时最好的北京填鸭。至于这一套养鸭之法是不是来家自己摸索出来的，实在不好说，因为这套养鸭之法，在北魏时期的农学著作《齐民要术》里就已经非常成熟了。

但无论怎么说，当时全聚德的鸭子都是由来家提供的正宗的北京填鸭。

现在还有传统的北京填鸭吗？

在岁月的交替更迭中，鸭子的故事在流传，鸭子的品种在变迁。

接下来的故事就比较伤痛了。1873 年，美国人詹姆斯·帕尔默从天津将北京鸭运至美国，从此北京鸭的物种遗传资料流出国外。同年，英国人克尔又将北京鸭的种蛋引入英国。

1875 年，英国人将填肥的北京鸭运至美国，在美国市场引起巨大轰动。当时有文章写道：

> （北京鸭）样品既出，社会耳目为之一新，绅士名媛，交与不置。购者骤多，供给缺乏。一时价格腾贵，每卵一枚，当金元一元之价。美国社会，遂有鸭即金砖之荣称。

而此时的鸭子就是英国人在北京填鸭基础之上培育的"英国樱桃谷鸭"。现在英国的樱桃谷鸭，已经取代北京鸭，成为"北京烤鸭"的主要原料。

一个关于鸭子的叹息

在一次采访中，中央民族大学生命与环境科学学院首席科学家、中国生态环境部首席专家、中国履行《生物多样性公约》办公室主任薛达元教授表示：中国本土物种流失最突出的例子是"北京鸭"，该品种在英国被杂交后繁育出来新良种"樱桃谷鸭"。

历史的味觉

后来，英国繁育的"樱桃谷鸭"又重新被引种到中国，从而占领了中国的市场。

现在，在中国真正的"北京鸭"几乎绝迹，而重新由英国引进的"樱桃谷鸭"，早已成为北京烤鸭的主要原料。

生态环境部发出的报告显示：中国输出北京鸭的物种时，没有获利，而现在再引进英国的樱桃谷鸭种时，反而必须用外汇购买，这对于有着一千余年生长历史的"北京鸭"来说，不能不说是一种伤痛……①

———————
① 在本文撰写过程中，笔者得到了中国全聚德博物馆的帮助，其中大量资料来源于中国全聚德博物馆的展品，在此致谢。

柴米油盐酱醋茶，为何"柴"字排首位

柴米油盐酱醋茶，是日常百姓居家过日子的七件大事。

按说，粮食乃民生之本，无米则无炊，"米"本应排在七事之首才是。可是，为什么在这七件大事中，"柴"却排在了首位呢？

这里面，究竟有着怎样的民间习俗和文化遗存呢？

火，带来的熟食革命

在人类还没有完全进化之前，人类和其他禽兽一样，吃生食，喝生水，也就是史书上所说的"茹毛饮血"。

火的发现，不仅开启了人类的熟食革命，更推动了人类的文明进化，将人类的胃从吃生食的胃改造成了吃熟食的胃。由此，促进了人类的文明进化，让人类逐渐和生猛的禽兽区分开来。

据《韩非子·五蠹》说：

> 上古之世……民食果瓜蚌蛤，腥臊恶臭而伤害腹胃，民多
> 疾病。有圣人作，钻燧取火，以化腥臊，而民悦之，使王天下，
> 号之曰"燧人氏"。

燧人氏发明了钻木取火术，被生民尊崇为圣人，并被推举为
部落之王，在那个时代，足见火对生民的重要性。可以说，火的
使用，改变了人类的文明走向，标志着人类正式从蒙昧时代走出，
转身走向文明智慧时代。

火崇拜：没有火就没有烹饪

由于火对人类有着非同寻常的重要性，故此，无论是东方还
是西方，都保留着"火神崇拜"的文化遗存。

如今，在河南豫东地区的商丘，依然完好地保留着对火神的
祭祀活动：每年春节期间，商丘最热闹的地方就是火神台庙会，
当地人称"台会"。传说农历正月初七是火神阏伯[①]的生日。届
时，豫、鲁、苏、皖交界处群众纷纷聚会，形成规模盛大的古庙

---

① 阏伯（è bó）：帝喾之子，商族的始祖。传说他一生不辞劳苦造福黎民百姓，人们非
常敬仰他，把他喻为"火神"。阏伯死后，人们按他的遗愿，建造了阏伯台，并将他
葬于台下，此台又叫"火神台"。因其封号为"商"，此台又被称"商丘"。

会，延续一月有余。

那么，火神又是谁呢？

传说在上古之时，帝喾为商地的部落联盟酋长。帝喾看到商地的人民没有火，就让自己的儿子阏伯到这里任"火政"。阏伯原本是天上的"火神"，因偷偷向人间投放火种而违犯了天规，天帝便把他贬到凡间为民。阏伯将要从天上下来的时候，又偷偷将火种藏在身上，带到了人间。

时隔不久，阏伯盗火的事让天帝知道了。于是，天帝发了一场洪水，要淹没人间的火种，惩罚阏伯。结果，地上的洪水像猛兽一样，吓得人们四处逃散。阏伯为了保存火种，筑起了高台，搭起了遮雨的棚子，独自一人留在高台上看守火种。

洪水退去后，当人们从四面八方赶回来的时候，高台上的火种还燃烧着，阏伯却饿死在火种旁。后人为了纪念阏伯，就建起了火神庙，逢火神生日，举行盛大的祭祀活动，并一直延续到今天。

其实，不唯商丘，在中华大地，不同民族、不同地域间基本都有自己尊崇的火神，全国各地也都保存着大量的火神庙。

有的地区将"祝融"奉为火神，有的地区将"炎帝"奉为"火神"，更多的地区是将"燧人氏"尊奉为"火德真君"。不管将谁奉为"火神"，皆显示生民对"火"的崇拜。在后世的日常生活中，生民们还逐渐演化为对"灶神"的崇拜。

不唯东方，西方也有"盗火的普罗米修斯"的古希腊神话传说。每四年一次的奥运会也保留着"采取火种，点燃圣火"的神圣仪式。火，可以说，是整个人类共同的信仰。

火不仅带来光明和温暖，更带来了人类的烹饪革命。

从柴火到薪水的演化

在当今的民间，很多人习惯把工资称为"薪水"。

薪者，柴火也。

民间有"薪火相传"之说，伟大的诗人白居易也有"伐薪烧炭南山中"之句。

那么，薪，本是烧火的干柴，为什么会被演绎成工资呢？

在中国古代的分封制王朝，山川大泽都归地方诸侯和官方所有。柴火，作为生活之必需品，那是不得随意采伐的，得申办砍柴证才可以采伐。就像现在，得有煤气卡，才能插卡生火。

故此，在过去，"樵夫"和渔夫、农夫、读书人一样都是正儿八经的传统职业，并称为"渔樵耕读"四大光荣职业。其余之外，都是"五蠹"。正因此，过去的山贼和盗匪，在占得山头后，都会打出广告语："此路是我开，此树是我栽，要想从此过，留下买路财。"也就是说，要想上山砍柴，即使没有官家政府看管，也有地头蛇小强盗把守。可见，在古代，弄柴火，并不是一件容易的事情。

正是因为柴火不易得，作为对官吏和上班一族的一种福利，给官员们发放俸禄，不但发米发钱，还会发放柴火。

在东汉以前，俸禄通常发放实物，包括粮食、布帛和柴火。唐以后一直到明清，才主要以货币形式为俸禄发给朝廷官员。"薪水"一词正是由此而来。

据《陶潜传》记载：陶潜送给他儿子一个仆人，并写信说："你每日生活开支费用，自己难以供给自己，现在派一个仆人来帮助你打柴汲水，你要好好待他。"后来，人们便把工资叫作"薪水"。

自魏晋南北朝始，"薪水"一词除了指砍柴汲水外，也逐渐发展为日常开支费用的意思，后世民间随之将俸禄之银统称为"薪水银"，意思是，帮助官员解决柴米油盐这些日常开支的费用。

《魏书·卢昶传》中记载：

> 如薪水少急，即可量计。

这里的"薪水"就是指日常费用。

可见，在过去，柴火是多么重要——烧柴才能做饭，没有柴火，就没法烧、烤、烹、煮。人们之所以把"柴米油盐酱醋茶"中的"柴"排在首位，并不是为了韵律上的顺口，在此排序的背后，恰恰蕴含着深厚的生存方式和文化内涵。

饕餮：吃饭的警示符号

　　勤俭节约，珍惜粮食，一直是中国普通生民的优良传统。

　　相对于人口的增长幅度，粮食始终不够吃，不珍惜，就意味着饥荒和挨饿。直到今天，我那遭受过重度饥饿的母亲还坚持着这一生活惯性。因为母亲行动不便，吃不完的馒头就压在枕头下，直到馒头变馊也不扔。攒到一定数量，会统一放到窗台上去晒，晒干了，吃馒头干。这在乡村的农家是一直延续的节约方法，深入血液。他们勤俭节约，憎恶贪吃和饕餮。

　　在中国传统饮食文化的语境里，饕餮的出现，最先是作为一种警示而存在的。它通过一种贴标语的形式，把饕餮纹刻在青铜器上，告诫世人，饮食不要太贪婪。

　　饕餮，是古代中国神话传说中的一种神秘怪兽。古书《山海经》介绍道：其形状如羊身人面，眼在腋下，虎齿人爪，大头大嘴。性格贪婪，喻好吃之徒。据《吕氏春秋·先识》载：

周鼎著饕餮，有首无身，食人未咽，害及其身，以言报更也。

这些记载说明，古人之所以把饕餮的形象刻在煮饭的器具上，有三层含义：一是说这家伙太贪婪；二是它贪吃得把自己的身子都吃了；三是告诫世人，珍惜食物，做人不要太饕餮。

根据现有的文字记载，把饕餮纹刻在青铜器皿上始于周代，也就是说，是周代的王朝治理者第一次将饕餮用于警示世人。

为什么周朝人开始警示世人不要太过贪婪呢？这是有一定历史原因的。

夏商两朝，从夏启开始，进入王权社会，人们按等级区分开来。而在此之前，无论是尧舜，还是大禹，都与民同吃同住，属于道德楷模。但是，夏启改变了禅让制传统，自此，世袭王朝开始上演。

夏启、夏桀及商纣王都是贪婪暴虐的典型。夏启淫溢康乐，湛浊于酒。进餐时不但纵欲于酒，还让一帮小姑娘来伴舞。夏桀更是一个声色犬马、放纵口腹之欲之人。他整天与妹喜纵情酒色，寻欢作乐，无有休时。他造的酒池都可以行舟，太奢侈了，终致夏朝灭亡。

商代的最后一个大王商纣王更是纵欲无度。他天天和妲己待

历史的味觉

在一起，酒池肉林，长夜之饮，挥霍无度，结果被武王灭了。

周文王和周武王都见识过纣王的荒淫。作为一个新王朝的开创者，为了警示后人，避免重蹈夏桀和商纣的覆辙，夏鉴不远，便将饕餮刻于大鼎之上，提醒后代子孙和全国民众不得纵情于口腹之欲。

自此，这一倡导人生节制口腹之欲的传统成为历代王朝的经典劝诫形制而传承下来，每个王朝和有节操的士大夫都教导万民，要珍惜粮食，不要暴殄天物。

但是，似乎每一个历史上的王朝都是说一套，做一套。一朝朝的兴衰灭亡，就此也不断上演……

第七部分 —— 盐，人类文明的密码

盐，这白色的晶体，海的灵魂，大地的精灵，本身就是一个矛盾的综合体。

在全球每一个盐海的周边，几乎都寸草不生。盐，某种程度上抑制生命的生长，因此，盐海统称死海。盐碱地除了白茫茫的一片，很难长出像样的庄稼。

但是，它又是生命所必需。不管是植物还是动物，抑或是人类，甚至是淡水里的鱼，它们的生长都需要盐元素，而海里的生物更需要盐分的滋养。

没有盐，生命就无法长期延续。在某种程度上，盐，就是每一种生命的平衡器，左右着生命的长度和走向。

盐，在百姓日常的厨房里，那是调料，调适着生民们日常生活的百般滋味儿。盐，在江湖的市场流通里，那是商品，成就了商贾豪强手中的万千财富。而当盐到了国家的手里，那就是法器，举手投足间都调节着国家政治的动荡稳定和王朝的兴亡。

在中国几千年的历史上，没有任何一种物质能像盐这样，既用来调制饭菜的味道，又用来调制国家的味道。

盐，生命的密码

凡是生命体，都需要盐，没有盐，就没有生命。

盐，白色的矛盾体

当我们往食物里添加盐时，几乎每个人的心头都会有意无意地闪现出一个问题：加多少盐才合适？盐是什么？我们为什么天天要不厌其烦地往锅里添加这种物质？

它是一种食物？还是一种调味品？对于地球上一切活着的物种来说，我们用它是为了补充生命所需的能量，还是纯粹为了安抚味觉？

更关键的是，人类为什么如此这般依赖它？

对于存活的生命来说，盐本身似乎就是一个矛盾的综合体。它，在某种程度上会抑制生命的生长，但又为生命所必需。

生命需要的是淡水，没有淡水，人类无法存活。地球之上，虽然到处都是水，但大部分都是咸水，无法直接饮用。然而，奇妙的是，我们却又需要它里面的盐。

大地之上的每一处咸水，不但我们不能直接饮用，用它去浇灌庄稼，庄稼也难以存活。对于在大地上耕种的农民来说，他们最惧怕的就是盐碱地，白茫茫的一片，意味着寸草不生。

盐水，某种程度上制约着生命的生长，因此陆地上高浓度的盐海统称"死海"。但它含有的盐分又为生命延续所必需。一株植物，一匹战马，没有盐，就无法骄傲地站立和奔跑；一个病恹恹失神的人，输入两瓶盐水，就又会重新焕发精神。

根据古人的总结：没有盐，人就会患病。正如管仲在《管子·轻重·地数》中所说的那样：

恶食无盐则肿，守围之本，其用盐独重。

意思是说，吃粗制的食物，如果不加盐，身体就会浮肿。对于守卫国家的将士，食盐更为重要。没有盐，不要说身体会发飘、浮肿，就连思想都会变得苍白无力。

宋应星在《天工开物·作咸》中总结说：

口之于味也，辛酸甘苦经年绝一无恙。独食盐禁戒旬日，则缚鸡胜匹，倦怠恹然。岂非"天一生水"，而此味为生人生气之源哉？

也就是说，对于人来说，五味中的辣、酸、甜、苦，长期缺少其中任何一种对人的身体都没有多大影响。唯独盐，十天不吃，人就会像得了重病一样无精打采、软弱无力，甚至连只鸡都抓不住。这岂不正好说明自然产生了水，而水中产生的咸味则是人类生命力的源泉呢？

所以说，从某种意义上说，盐，就是每一种生命的平衡器，决定着生命的长度和走向。

盐，为什么这么咸

"咸"字的由来

酸、甘、苦、辛、咸是古人对世间万物之味性命名的五种味道，盐表现出来的味道叫作"咸"。那么，从造字的起始逻辑说，古人为什么把盐的味道描述为咸？

盐的古体字写作"鹽"。作为一个药物学家，李时珍在《本草纲目》中是这样说盐的：

盐字，象器中煎卤之形。

意思是说，盐是一个象形加会意字，就像在一个器皿中煎制盐卤的形状。

许慎在《说文解字》里对盐的解释是：

盐，咸也。东方谓之斥，西方谓之卤，河东谓之咸。

　　盐，就是咸。东边的人们把它称为斥，东边所说的斥，指的就是盐碱地。这里的斥，主要说的是山东滨海一带的海盐卤水。在西边则把它称之为卤。西边所说的卤，是指卤水。在河东地区，就是今天的山西运城和临汾一带，人们把盐称为咸。《尔雅》云：

　　天生曰卤，人生曰盐。

　　关于卤和盐的划分，古人把天然生成的，未经炼制的称作卤，即卤水。通过人力加工而成的，才称作盐。那么，河东地区的人们，为什么把盐称为"咸"呢？

　　河东者，古地名也，专指黄河拐弯处以东的地区。古人把黄河从内蒙古高原南下，自然形成的东部地区，称为河东，其实就是今天的山西运城、临汾一带。

　　山西运城之所以得名运城，是因本地的盐湖而得名。运城在更久远的古代称为"盬城"，因后来在此处专门设立盐运使机构，所以又叫运城，即"运盐之城"之义。此地地处黄河以东，因此，就统称"河东"之地。

　　当年黄帝和蚩尤在此大战，争夺的就是这里的盐湖。最后蚩尤战败，身体被肢解，因此山西运城盐湖又称解池。

因此，古代所说的咸，显然指的是产于该地区的大颗粒盐的味道。

盐的种类和用法

盐的种类很多，有海盐，有池盐，有岩盐，有井盐，有土盐，也有饴盐。每种盐的味道也各有差别。

据《周礼》记载，周朝时，周天子为了把盐吃明白，不至于在用的时候出错，专门设立一个机构和"盐人"一职来管理盐的用法和用量。为此，在《周礼·天官》中还对"盐人"的职责进行了规定：

> 盐人掌盐之政令，以共百事之盐。祭祀供其苦盐、散盐；宾客供其形盐；王之膳羞，供其饴盐。

意思是说，盐人掌管着日常用盐的法度，祭祀的时候，用苦盐或者散盐；招待宾客的时候用形盐，周王室成员吃饭用的盐要用饴盐。

苦盐，即颗盐也，出于池，其盐为颗，未经炼治，自然风干而成，其味咸苦。这个池就是指山西运城的盐池。

散盐，即末盐，出于海及井，并煮碱而成者，其盐皆散末也。

形盐，即印盐，将盐刻作虎形也；或者像天然的积卤所成，其形状如虎也。这是一种权力和身份的象征。

饴盐，以饴拌成者；有说它是生于戎地，味甜而美。

此外又有崖盐生于山崖，戎盐生于土中，伞子盐生于井，石盐生于石，木盐生于树，蓬盐生于草等，不一而足。

在众盐之中，山西盐池的苦盐应该是最早进入中国平民的厨房的，根据各种文献和神话传说记载，最晚也应该是在黄帝时期开始的。黄帝部落的中心城邦就在今天的山西运城，作为黄帝的造字官仓颉，在造"咸"字的时候，大概借助的就是盐的这一味道特征。

那么，这个味道特征有什么含义呢？

咸的意象

咸：这个字在汉语里有两层意思：一是用来表示盐的味道，即咸味；一是全部、都的意思。

《说文解字》对"咸"做出的解释是：

从戌，从口。

"咸"是个会意字，"戌"的意思是长柄大斧，"口"指人口，合起来的意思表示大斧砍口，它的本义有"杀"的意思。

　　在《易经》里，"咸"作为一个"卦象"名，采用的也是这个意思，有受伤之意。而盐的味道，进入口中的第一感觉正是这种感受——杀口，让"口"很受伤，就像大斧子砍一样。因此，古人就把这个感觉记录下来用以表示盐的味道。

　　这估计就是把盐的味道描述为"咸"的第一层含义。

　　第二层，就是咸的引申义。咸，引申为全、都、皆的意思，这层引申义，也来自盐的另一个特征：盐，大颗粒，放入水中，工夫不大，就会溶于水中，从而使一锅水全部改变味道。

　　根据盐的这一特征，引申下来，有"使事物全部改变"的意思。因此，人们就又把盐味道的"咸"，引申为全部、都的会意！

　　这就是盐味被称为"咸味"的原初成因。

我们都是世间的一粒盐

盐的魔力

每年夏季，农忙时节，是黄河中下游一带农民用盐最多的季节。

他们在挥汗如雨的劳作间歇补充水分的时候，总习惯往水里捏一撮盐。年长的父辈们总是谆谆教导年轻的后生们：多喝点盐水，解乏！

在青藏高原，高原上的人们无论是喝酥油茶还是平常喝水，都要加盐，在他们看来，正是盐给予了他们神奇的力量，支撑着他们在缺氧的环境里自由行走于高原之巅。

我们每个人几乎都有这样的感受：在炎热的夏天，碳酸型甜饮料喝得越多，越觉得口渴，身体越发虚。如果喝上一杯淡盐水，顿时就会觉得充满气力。我们因为脱水去医院，输上一瓶盐水后，体力就能快速恢复，病情也会得到缓解。

看似平淡无奇的盐，为何能够快速补充体力？这其中，究竟蕴含着怎样的生命奥秘？

从传统的中国盐矿版图看，作为黄河冲积平原的豫东平原并不是一个产盐区。人们每天所食之盐，要么是来自东部沿海的海盐，要么是来自西部的池盐。不过，在水分状况不良的地方，也有盐碱地，一层层的浮白覆盖在大地上，白得像雪。

在旧时代，每遇灾荒之年，大多数百姓都买不起盐，他们就将这层浮土扫起来，熬制成土盐来吃。

盐，到底有着怎样的魔力和诱惑，竟能让人像上瘾似的为它痴狂？

盐，生命的原初呼唤

让我们把视线转向北美洲。

史前时期，从现在的纽约市到西北地区的布法罗这一大片广阔的土地还是一片莽莽森林和辽阔草场。草场之上，生活着大批野牛。那时，还没有纽约城。

在茂密的森林和冰雪之中，始终映现着一条杂乱的由野牛踩出的小路。每一条小路的终极方向，都指向当今美加边境的伊利湖区域。在草场的深处，是一片盐的沼泽。

大批野牛不厌其烦地在这条路上往返跋涉，目的就是去摄食那里的盐。早期的游牧猎人正是沿着野牛们开创的道路，在这里发现了盐。

布法罗英文的本意就是野牛，这个地方因此得名：水牛城。其实，布法罗是没有水牛的，被他们称为水牛的，其实是在盐沼泽舐食盐粒的野牛。

那么，是什么样的力量驱使着野牛们不远千里地来此寻盐？

无独有偶，在今天的三峡地区依然流传的一则民间传说描述了相同的故事。只不过，故事的主人公不是野牛，而是鹿。

据当地的民间传说，距今大约1万年前，一个生活在三峡地区的史前人类部落以捕捉野鹿为生。在一次次的捕猎活动中，他们发现了一个奇怪的现象：野鹿仿佛受到一种神秘力量的召唤，总是向同一个方向靠拢。

在鹿们最终停留的地方，有一个汩汩奔涌的泉眼，野鹿跑累的时候都会跑到泉眼边，急急忙忙喝上几口泉里的水。在泉眼的周边，凝结着一团团白色的晶体，它们的味道就像汗水和眼泪，那些白色的晶体就是盐。宋时期的《舆地纪胜》一书详细记载了这一传说：

　　宝山咸泉，其地初属袁氏，一日出猎，见白鹿往来于上下，猎者逐之，鹿入洞不复见，因酌泉知味，意白鹿者，山灵发祥以示人也。

这里所说的"山灵发祥",意即盐泉的发现由神灵引导。这
个神灵就是白鹿。又据《云阳县志》载:

> 汉高祖元年(公元前206年),因部下狩猎跟踪一白兔,发
> 现涌出地表的自然盐泉,遂令当地人开井取卤煮盐。因此云阳
> 的第一口井被称作"白兔井"。而白鹿、白兔、白虎等动物,在
> 中国古代均为吉祥的神物。

这是东方民间传说中记载的关于人类受神的指引而发现盐的
故事,这个故事的底版和《中国盐业史》所记载的关于夙沙氏在
海边第一次发现盐的传说有着同样的摹本。

尽管追逐野鹿发现盐泉是三峡地区的一个民间传说,但它
描绘的却是人类和生物共同的命理。无论是动物还是人,都仿佛
像受了魔力的驱使,让他们都痴狂地去寻找那生命之盐。而人类
最初和盐的相遇,大都是这样的剧情:追随着动物的踪迹,发现
了盐。

那么,促使动物和人寻找盐的内心驱动力到底是一种怎样的
呼唤?它和我们人类的生命又有着怎样的内在关联?

　　　　　　　　　　　　　　　　　　　　历史的味觉

盐，生命的故乡

为什么说眼泪是大海在人体内的遗存

一滴眼泪的滋味为什么如此接近大海的味道？它们之间又有着什么样的密码关联？眼泪和血液，是否就是大海在人体内留下的密码？

有科学家惊奇地发现，根据测算，一滴眼泪和血液中的盐构成与早期的海水存在着某种一致性。美国的《发现》栏目曾经做过一期《大历史》，探讨印证了这种一致性。

大约在38亿年前，地球被一片汪洋覆盖，大海深处没有生命，只有无边的孤独和寂静。

3亿年过去了，一种单细胞生物开始在盐水中缓缓发育，它就是地球生命的最早起源。在随后5亿年的漫长岁月里，它们在大海的深处努力进化着。与此同时，沉重的地壳也在缓慢地积聚着沉默的力量。

　　大约在30亿年前，地壳在沉闷的挤压下终于爆发，陆地破海而出，构成了如今世界大陆框架的雏形。陆地上升时携带的海水，在后来数十亿年日光的照耀和地壳的不断运动中，有的聚流为陆地上的盐湖；有的干涸凝结成天然的盐矿；有的则深埋岩层，化成卤水。

　　它们散落在陆地各处，共同构成了世界的盐矿地图，并形成了形形色色的盐。

　　海洋里的生物对陆地总是充满好奇和冲动。陆地升起后，总有一些勇敢的海洋生物试探着爬向陆地，开启新的生命旅程。最先爬上陆地的海洋生物，经过漫长的进化，就成为陆地生命的祖先。由于这些生命都起源于盐水之中，生命的基因要求它们必须在一个最原初的海洋环境下才能生存和繁衍。

　　爬向陆地的生物又该如何给自己的新生营造一个类海洋的生存环境呢？有研究证实，最早的双栖生物在陆地上繁育后代时，它们会将海洋之水储藏在蛋壳里带往陆地，为下一代生命构建一个微缩的海洋，陆地新生命就是在这样的环境里孕育生长的。

　　这是生命的本能，也是生命的神奇之处。

　　尽管几十亿年过去了，人类的身上如今仍然保留着海洋的印记：婴儿在子宫里孕育，羊水就是生命的海洋。这也是地球上所有生物都依赖盐才能进行生命活动的本源动因。

远古的海洋之盐，那就是孕育我们人类生命的故乡。

或许，我们也可以这样理解：我们今天流下的每一滴泪水，是否就是对遥远故乡的怀念？

盐，生命的故乡

生命不但需要在类海洋的环境里孕育，生命的生长也同样需要。一个正常标准的人体内大约有 250 克盐，超过这个量，人就会恶心、烦躁；低于这个量，人就会四肢发软，无力晕眩，严重的还会造成肌肉痉挛。

盐的主要化学成分是氯化钠，史前大海的单细胞生物正是从盐水里萌生而来。从它诞生的那一天起，它的生命就属于这个盐水的生存环境。钠和氯在体内的主要作用是控制细胞和体内的电解质平衡，以控制和保持体液的酸碱平衡和正常流通。钠和氯与其他元素一起对保持神经和肌肉的活力也起着决定性作用。因为，任何一种离子的不平衡都会对身体产生不良影响。

正常的人体每天大约会随着各种体液的排出流失 3 到 9 克盐。为了保持体内的盐平衡，人体需要通过进食外部的盐进行补充。无论物种怎样进化，它都要遵循生命最先孕育时的那个环境，这是生命基因的要求。动物和人类每天之所以要补充盐，正是因为要让身体维持在生命最开始进化时的那个环境，也就是原初的那个盐环境。

只有在那里才能感知到生命故乡的温暖和关怀。所以，在炎热的夏天，尤其在大量的劳作和运动出汗后，就要迅速补充流失的盐分，以便让身体快速回到那个熟悉的故乡，并重新找回力量。这或许就是盐与生命的神奇密码。

现代科学研究表明，动物机体的运行无不需要盐，甚至我们的思想和意识也是由盐构成的。脑神经的信号传输，本质上就是通过钠离子的游动来实现和完成的。在微观世界里，意识的流动，实质上也是盐离子的流动。今天的我们豁然发现，所有动物之所以苦苦去追寻盐，那不仅仅是出于味觉的需求，更是生命本源的呼唤和驱使。

在发现自然的盐之前，人类获取盐分的途径主要是动物的肉和血，这样的进化进程十分缓慢。所以，史前人类一直过着茹毛饮血的生活，他们借助动物身上的盐，维持着体内的盐平衡，以此支撑生命体的运行。

人类追寻着动物的踪迹发现盐之后，摄取食盐就变为主动和自觉，获取盐的方式也变得相对容易和简单，生命的进化快速推进。于是，一个崭新而复杂的"盐生活"就此全面展开。

现在，就让我们追寻着盐的气味，一步一步走进人类光怪陆离的"盐世界"……

历史的味觉

盐，食物的法器

盐：食物的巫师

盐，让食物散发出新的魔力。

盐，延长了食物的生命周期。

酱与腌制食物的发明，保证了人类在食物短缺时还能有食物吃。盐，是食物的保护剂，它凝固了食物的时间，对抗着时光，延长了食物的生命，为人类持久储藏食物。

据现有的文字和考古资料显示，在中国广大的地域内，用盐腌制食物的历史最少有六七千年。盐，不仅能使食物的味道厚重，更重要的是它还能给劳动者以力量。因此，盐从被发现的那一天起，注定将成为人类食物世界的主宰。

泡菜是用盐保存食物最突出的代表。

泡菜，在中国古代的生活语境中被称为菹，类似今天的腌渍菜。具体地说，就是腌制的蔬菜。我们今天的腌菜、咸菜和泡菜基本都属于这个系列。早在中国的商周时期，中国古代的先民就已经熟练掌握了这一腌渍技术。据《诗经·小雅·信南山》记载：

中田有庐，疆场有瓜，是剥是菹，献之皇祖。

这句话的意思是，田间有房子，还种有各类瓜果蔬菜，剥去瓜皮，腌制好了，献给皇家和祖宗。

像这样提及腌制蔬菜的诗句，《诗经》里比比皆是。它充分说明，在那个时候，腌菜已广泛进入百姓的日常生活，并且从此就再也没有离开过中国百姓的餐桌。豆酱的腌制技术是个典型代表，随着时代的发展进化，围绕豆酱的腌制，先民们先后发明了豆豉、酱油、豆腐乳、臭豆腐等这个庞大的大豆腌制家族。而这些食物都离不开盐的身影。

古老的巫巴地区无疑是盐文明的重要发祥地之一。这里的人们用盐腌制食物的历史可以追溯到五六千年前。在母系氏族社会时期，古老的巫咸国部落有这样一个传统：部落的首领去世，族人会在最后时刻为首领献上最珍贵的陪葬品，这个陪葬品就是腌鱼。

现代考古资料发现，创造了"大溪文化"的大溪人在开始种植稻米的同时，也在附近的盐泉和大宁河获得了两样礼物：盐和鱼。有咸味的鱼味道更鲜美，不仅如此，抹上盐的鱼肉可以放得更久，甚至整个冬季。

在捕鱼和狩猎的季节，全族人拼命地劳作，将没吃完的鱼和肉抹上盐，风干。冬季来临，食物缺乏的日子不再难挨，女人和孩子的食物有了保障，族群的规模不断扩大。

在外族眼中，他们是一群施展巫术的人，用这种神秘的白色颗粒让食物变得新鲜。他们给这个部落取了一个名字，叫巫咸人。

可以说，用盐保存和储藏食物是人类的共同发现，并逐渐成为一种本能和自觉，他们依靠盐的保存能力，度过了一个个青黄不接的日子。

据记载，鉴真和尚第六次东渡日本成功，把腌渍方法传入日本。如今，现代日本家喻户晓的奈良渍即为鉴真和尚所传。大概在 1300 年前，腌渍法传到了朝鲜半岛，经过演化成为今日著名的韩国泡菜。

盐，食物的君主

从古代各类的典籍记载中，我们清晰地发现，盐实乃百味之首。中国最早调制羹汤味道的调味品，最主要的只有两种，盐是其中的一种。《尚书·说命下》在记载商王武丁与傅说的一次对话中说："若作和羹，尔惟盐梅。"

这句话用今天的话来表述就是，武丁对傅说说："你对于我们这个国家来说，就像调制羹汤时用到的盐和梅，太不可或缺了。"

可见，在商代时，中国的先民们就用盐来调制咸味，用梅子来调制酸味或甜味。那时还没有糖，古人用梅子调制甜味和酸味。后来，引申到士大夫身上专门用来指圣贤在治理国家时，要有管理国家和调和世事的治世之术。

《汉书·食货志》记载王莽的诏书说："夫盐，食肴之将。"就是说，盐是一切味道的核心和灵魂。酸甘辛苦可以各自成味，而盐则统领所有味道。正所谓："咸吃味，淡吃鲜。"这恐怕也是后来自贡盐帮菜得以成名的法宝。

在今天的北京南新仓，有一家名为"天下盐"的餐厅，它的英文名称叫"LORD OF SALT"。意思是"盐的贵族""盐的领袖""盐领地"。从生命本体的需要，到对一种味道的审美需求，咸不是一道菜的本义，它的最大价值是为一道菜注入生命，让味道鲜活。

这才是盐之为盐的核心要义。

盐，白色的权力

盐是汤的魂

盐，无疑是这黑色世俗世界的白色权力。

没有盐的鸡汤，是虚拟的，也是轻薄的，只有鸡味，没有汤味；加了盐的汤，就拥有了盐的力量和浑厚，汤也就有了真实感。

每当想到盐，笔者就想起少年记忆中那可怜的喜儿，为了不被黄世仁奴役，她躲进了深山。由于长年不吃盐的缘故，她曾经扎红头绳秀发全都变成了长长的白毛，银丝闪闪，记录着地主老财的罪恶。

多年以后，当笔者在电影院里观看电影《白发魔女传》时，视觉一直陷在白茫茫的错乱中，总恍恍惚惚地分不清，那白发飘动的故事主人公到底是玉罗刹还是《白毛女》里的喜儿。在那一刻，两个角色毫无顾忌地在本人的意识里重合了。

盐乃味之根

看过《白毛女》后，盐，就像一道魅影在我的内心晃动着。二十多年前，《戏说乾隆》给我留下最深印象的不是赵雅芝的美，而是程淮秀那一头乌黑亮丽的秀发。

作为古扬州盐帮的女帮主，飒爽英姿的程淮秀就没有白发，最根本的原因是她的生命里不缺盐。

为了弄明白盐的味道，在京城生活的这些年，凡是听说带盐的餐厅，笔者都有意地前往品尝，譬如号称盐帮菜的"锦府盐帮酒楼"，尽管他们的盐和自贡的盐本质就不是一个价值观的东西；还有南新仓的"天下盐"，尽管在此之前笔者并不知道那是黄珂和二毛先生合开的川菜馆子，也并不清楚它是不是盐帮系。

除此之外，笔者还特意跑到淮扬菜馆和扬州的馆子里去品味扬州菜的盐味与盐帮菜的盐味有什么明显的区别。

到最后才发现，它们虽然都有着不同的盐味传统和历史，但现在，它们的盐都是现代版的中盐公司的低钠碘盐。历史的故事和传说中的味道早已消散在京城现代都市化的灯影里。

但笔者的问题并没有那么简单。盐，作为权力的象征，盐帮菜为什么没出现在山东和扬州，却出现在了遥远的自贡？

而古盐业最为发达的山东菜，为什么最后却转身走向了官府菜？扬州菜为什么融入了高雅的精神气质，成为文人菜？

盐是生之主

山东，古齐国胶州，无疑是盐文明的发祥地。

早在上古的神农氏时代，一个属于神农氏分支部落的夙沙氏就发现了盐。

夙沙氏部落所在地是今天的潍坊滨海一带，得近海之利的夙沙氏在发现了盐之后，盐随之成为百姓生命和日常饮食中不可或缺的东西。

盐，不仅能使食物的味道厚重，更重要的是它还能给劳动者以力量。因为，盐从发现的那一天起，就注定了它将成为人类食物世界的主宰。

掌握了盐，也就意味着掌控了生民的生活方式及命运。

夙沙氏得到盐权之后，势力和大脑逐渐膨胀，并有意无意地开始不服从神农的指挥。盐权的争夺自此滋生，以至于在以后的数千年里再也没有停止过纠缠。

夙沙氏因为骄狂，最后被自己的部属和人民杀掉，所有部落大权，包括盐，归神农氏统一掌控。

盐是利之首

然而，关于盐权的争夺并没有停止。历史进入炎黄时代，另一场关于盐权的争夺又在山西运城的战场上演。

在古代，每一种盐都有不同的用途，祭祀用的盐、帝王吃的盐、招待宾客和普通百姓吃的盐各有不同。这在《周礼》中有明确的规定。

当时，今天的山西运城正是轩辕氏黄帝的领地，传说中的黄帝与蚩尤的大战就是因为华夏黄帝部落担心自己的盐产被蚩尤抢去而发生的。可见，盐在当时代表着部落的最高利益。

最后，这场战争以蚩尤部落的战败被灭宣告平息。黄帝自此成为华夏民族的先祖。黄帝之所以能成为中华先祖，其中一个最重要的原因也是盐。到了舜帝时代，继承了盐产的虞舜弹着琴不无自豪地唱道：

> 南风之薰兮，可以解我民之愠兮；
> 南风之时兮，可以阜吾民之财兮。[1]

他之所以歌唱南风，正是因为温暖的南风吹拂湖水，使水

---

[1] 《礼记·乐记》记载："昔者舜作五弦之琴以歌南风。"《孔子家语·辩乐》载其辞曰："南风之薰兮，可以解吾民之愠兮；南风之时兮，可以阜吾民之财兮。"

汽蒸发，留下了满地的盐晶。也就是这个盐，为他和他的臣民扫去了郁闷和忧愁，带来了欢乐和财富，同时，也带来了更大的权力。

盐是权力之源

再回到古齐国。

进入春秋时代，五霸争雄，齐桓公之所以能从众诸侯中脱颖而出，靠的恰恰也是盐。

齐桓公正为无计争霸而烦恼得吃不下饭时，这时，盐贩子管仲来到了他身边。

管子有一句最著名的言论："仓廪实而知礼节，衣食足而知荣辱。"意思是说，人民在饱暖的基础上才能有文化、有道德、有礼貌，才能实现社会和谐，实现真正的"齐国梦"。如果不让人民吃饭，不让人民挣钱，还到处乱花钱，说什么齐国梦那都是忽悠。

齐桓公听了管子的这番论述，立马任命管仲为相国。

管子采取的办法是"盐业专营"。不过，管子的伟大之处在于，盐业虽然收归国家专营，他却不收取民众的人头税等苛捐杂税，而只收取盐利的8％～10％，其他的则施惠于民。

这样，民众的食盐生活不但有了稳定的价格保障，国家也有了稳定的收入。他更精明的地方在于，依据齐国产盐的得天独厚之优势，把多余的盐加价卖给了其他诸侯国。

齐国得益于盐权的控制，自此雄霸诸侯。可见，掌握了盐，就意味着掌握了至高的权力。盐，此时，不仅仅是盐，更成了一种权力的象征。

在以后的政权更迭中，他的这一方法也被历代帝王所效法。

翻阅历史，我们真的很难分清：盐，究竟是一种味道，还是一种权力？

盐与王朝的兴衰更替

拥有盐，就拥有富贵

对于漫长的以农耕文明为生存线的古中国来说，除了粮食和土地，盐就是第二产业里最大的财富。因此，抓住了盐，就等于抓住了富贵。

在几千年的王朝史里，不管是高高在上的朝廷，还是游走于江湖的商贩，几乎都把盐视为唯一可以暴富的最佳途径。因为土地都是帝王家的，粮食又是民生之本，铁是兵器之本，都不能商用。只有盐，才具有最大限度的操作空间。所以，从朝廷到豪强再到民间，各色人等都在这难得的商品上大做文章，并因此上演了一幕幕财富故事。

在所有财富故事的脚本里，几乎都有一个政治的身影，因政治而富贵，也因政治而衰落。这一点，在盐的富贵里表现得淋漓尽致。

而对于一直行走于权力边缘的盐商来说，真正的富贵是从盐引开始的。盐引是古代王朝给盐商的卖盐许可证。盐在古代都是由国家垄断的，不是谁都可以卖的，国家给你盐引你才有权销售。

所以，拥有了盐引，就等于拥有了富贵。

由盐滋生的超级特权

盐引源自大明王朝。

朱元璋开国不久，为了防止元朝残余势力的反扑和侵扰，在东自辽东，西至甘肃的辽阔边境上，常年驻守着八十万边防大军。八十万大军粮草的日常补给是一项庞大工程。为了减轻朝廷的压力，明王朝就想出一条妙计：诏令天下商人前往边关输送粮草。朝廷为此给出的回报条件是，发放给商人们同等比例的盐引，准许商人们在指定地区销售食盐。这就是著名的开中制，它和后来推行的以纳银代替纳粮的体系合称开中折色制。

开中折色制在维持了大明帝国边关粮草运转的同时，也造就了一代代盐商富贵的传奇，也成就了得地利之先的晋商们的商业帝国。

到了清朝，大清在沿袭明制的基础上，实行引岸制度，规定盐商运送销售食盐，必须向盐运使衙门交纳"盐课银"，才能领取盐引。而领取盐引，又须有"引窝"方可。

引窝就是运输食盐的特权凭证，按现在的话说，就是政府的批文。盐商们为了获得这一特权，必须向朝廷主管部门交纳巨额银两进行"认窝"，其本质就是花钱购买食盐的运销特权，拥有了"引窝"批文的盐商就等于拥有了运销食盐的超级特权。

盐缔造的财富神话

扬州盐商们就是在这一背景下迅速发迹的。

扬州本不产盐，但它的地理位置得天独厚。它处在长江、淮河和隋唐大运河的交汇处。当时全中国最大的盐产地两淮盐场所产的盐，都由水路经过扬州，销往各地。扬州既是两淮盐业管理机构的驻地，也是中国最大的食盐中转站。

凭着天生的"逐利"嗅觉，各地商贾们纷纷提款下扬州。一时间，自山西、陕西、徽州前来领取盐引的商人们瞬间就把扬州挤爆了。原来的扬州城已经容纳不下新增的人口，城市不得不向东边靠近运河的盐商聚居区扩延。

扬州城因为盐商的到来而扩建，商人们在这里修建了精美的会馆，砌起了新的城墙。清朝人曾下过这样的断语："扬州繁华因盐盛。"酒楼、妓馆、戏园、珠宝行，商人们打造了一个全新的扬州。

在这里，商人、官员觥筹交错，夜夜笙歌。小小的盐引就这样写下了扬州财富故事的传奇。

对于聚集到扬州的商人们来说，通往财富的道路简单而明确：他们只需从官员那里获得盐引，以换取最大额度的盐。

就是在这种政策背景下，作为朝廷利益的"代盐人"，盐商垄断了全国食盐的销售与流通，甚至操纵盐价，获取巨额的垄断利润。当时，两淮盐商的销售区包括安徽、河南、湖南、湖北和江西等省份，是全国十一个销盐区最大的一个，利润高、范围广，使得扬州盐商富可敌国。富者的银两以千万计，百万银两以下的都只能算作小商贩。

经过康熙、雍正、乾隆三朝的积累，扬州盐商的财富量和影响力达到极致。单就财富的总量来说，放眼全球，无可匹敌，以乾隆三十七年（1772年）为例，扬州盐商为大清国库提供的盐税占到了世界经济总量的8%，盐商们真的是富甲天下。

也正是因此，扬州菜才缔造了像马曰琯、马曰璐马氏二兄弟和江春、江昉二江兄弟的财富神话，更铸就了扬州文人菜的繁华。

然而，同为盐商，四川自贡为什么又产生了截然不同的盐帮菜呢？

答案就在历史的尘烟中飘荡。

盐，政治的调料

我们之所以把盐说成政治的调料，是因为在几千年的中国王朝历史和世界文明史的烹煮过程中，盐就像法师手中的法器，冥冥之中，总是在历史的大锅中，搅拌着一个王朝的心脉。

仅就中国历史来说，自盐被发现以来，在王朝的兴衰中，一直在重复着这样的怪圈：每一个中央集权王朝建立之初，都会轻赋税，薄徭役，将盐权放归民间，由民间自营。随后，王朝为了填补中央国库的空虚，又将盐业专营起来，以满足王朝庞大的财政开支。接下来，王朝中央集权控制力越来越弱，盐权逐渐被朝廷豪强把持瓜分。盐，成为剥夺民生的工具，盐价不断高涨。

在盐价居高不下时，民间英豪开始不畏生死，走贩私盐。更多时候，还官商勾结。最后，民间纷争，天下大乱，王朝覆灭。于是，一个新的王朝建立。

几千年下来，历史的循环路线就是在盐锅的翻腾中不断重复着翻炒！

盐正，则国正；盐失，则国乱。

就像我们日常的炒菜，盐正，则味正；盐一旦乱放，这饭就乱成了一锅难以下咽的糊涂粥。

盐就是这样与王朝的兴衰更替息息相关读不尽，品不完……

跋

白玮曾是我的同事，我们一起编过几年报纸。《北京晚报》的"新闻快说"，是一块专做时政评论的版面。那是一段同甘共苦、同心协力、同仇敌忾、同病相怜的经历，我们的兄弟情谊就是那时结下的。现在想起来，还有许多值得回味的地方。

后来，我调到《北京日报》，继而又去了出版社，白玮也被安排负责美食板块，我们就分开了。没想到，几年后，白玮竟在餐饮行业搞得风生水起，俨然成了北京餐饮业的"教父"，不能不令人刮目相看。他的学术专著《中国美食哲学》的出版，更标识了他在这个领域的高度和分量。也许是我孤陋寡闻，写美食的书千千万，我还是第一次看到有人从哲学的角度谈美食，这应该是白玮创造性的体现。

因而，当他表示又有一部谈食物与人类历史文明的书将要出版，并希望我能为之评论的时候，我便欣然答应了，尽管我是这个领域里的"文盲"。

事实上，虽然我们每天都离不开食物，饭是一顿都不能少，食物于我却有明显的陌生感，相当隔膜。关于食物的知识，也了解得很少。所以，阅读白玮的新作，对我而言首先是"扫盲"。他在书中写到的许多食物的"身世"，它们的来龙去脉，我几乎闻所未闻。像我们常吃的北京烤鸭，原来土生土长的北京鸭早就消失了，我们现在吃的北京烤鸭，其实都是引进的英国品种。他不说，我真的不知道。

关于此书，未读之前，我是有一些想象和期待的。读罢全书，我发现，我的想象和期待并不能从白玮的叙事中得到完全的满足。最初我以为，这是一部中华民族各个族群因食物而互相争夺、排挤，进而迁徙、融合，最终发展、壮大的历史，食物在王朝兴替中所起的作用应是叙事的主体。但从全书的结构安排来看，第一部分和第三部分是有这种考虑的，他写到小米之于商周，特别是西周的意义，而东迁的周王朝，其目的的重要方面，正是寻找可以替代小米的新的食物。他还写到北方游牧民族的多次南侵和中原汉民族的几次南迁，前者虽有寻找食物的意味，而后者几乎纯是外来与本土饮食文化的相遇与融合。他特别写到了两宋期间中原汉民族的大规模南迁，其意义似乎也只限于北方饮食文化如何在南方落地生根，而动力只是流落南方的北方人，上至帝王下至黎民的思乡之情。

白玮这样安排自有他的道理，食物与王朝兴替的关系，或许只是他思考食物之于历史可能产生哪些影响的一个切入点。实际上，他有一个更加宏大的构想。故而，他用了两个部分的篇幅探讨食物与皇权的关系，以及儒家与礼教如何利用食物来建构皇权的正统权威与合法性。这样看来，孔府宴的形成和满汉全席的排场，就不仅仅是吸引读者的噱头，而是包含着更深一层的含义。

　　第四部分写食物如何被文人利用，从而介入到他们的生活、生命与命运之中。犹如屈原将情志寄寓于美人香草一样，苏轼、陶渊明、曹雪芹则在东坡肉、酒或芹菜中寄托了自己的人生体验与感悟。这些固然不同于王朝更替之历史，亦不能如某些学者所期望于历史学的为皇权提供合法性，但它们依然是我们的先人"活动之体相"，是历史叙事必不可少的内容。如梁启超所言："人类情感、理智、意志所产生者，皆活动之相，即皆史的范围也。"这就大大拓展了以《资治通鉴》为代表的王朝兴替史观对历史的限制，那些因历史湮灭而尘封的人类活动的僵迹，则有望通过史家别样的眼光被重新发现，并在新的历史叙事中被激活，使我们体察到现代之生活与过去、未来之生活是息息相关的，从而增加生活之兴味。这样的历史是为社会一般人而作的，非为某权力阶层或某智识阶层而作的。

　　白玮的历史叙事还有一个突出的特点，即他更注重历史事实所呈现出来的观念、思想和情态，而非历史事实本身。我在另一篇文章中曾经写道，历史学家处理历史题材，通常采用两种方式，或以叙事为主，所求为事实，也就是历史真相；或重微言大义，以历史学为炼金术，从历史事实中提炼、抽象出超越历史的通则、规律。梁启超有言："旧史官纪事实而无目的，孔子作《春秋》，时或为目的而牺牲事实。其怀抱深远之目的而又忠勤于事实者，惟迁为兼之。"他所说的"迁"，就是司马迁，在他看来，只有司马迁的《史记》兼备两种方式各自的优点。司马迁亦自言，他作《史记》，是要"考之行事，稽其成败兴坏之理……欲以究天人之际，通古今之变，成一家之言"。白玮可谓这种史观的实践者。他所做的，是以历史叙事展现人类的活态，而非其僵迹的展览。所以，读他的书总能感觉到亲切有味，生动活泼。譬如他写"酒"的那一篇，简直就是一篇酒的颂歌，诗情澎湃，如泛滥之江河。从中可以看到"青年诗人"白玮的身影，也不乏当年写时评时的风采。

拉杂写来，勉为之序，见笑见笑。

解玺璋
辛丑年夏五月于望京二随堂